《室内空间与展示艺术设计》丛书 | 朱淳 主编

室内照明设计

马丽 编著

中国传媒大学出版社
·北京·

图书在版编目（CIP）数据

室内照明设计/马丽编著．--北京：中国传媒大学出版社，2010.5（2024.12 重印）
ISBN 978-7-81127-889-7

Ⅰ.①室…　Ⅱ.①马…　Ⅲ.①室内照明—照明设计—高等学校—教材　Ⅳ.TU113.6

中国版本图书馆 CIP 数据核字（2010）第 057974 号

室内照明设计
SHINEI ZHAOMING SHEJI

著　　者　马　丽
责任编辑　阳金洲
责任印制　李志鹏
封面设计　邓岱琪

出版发行　中国传媒大学出版社
社　　址　北京市朝阳区定福庄东街 1 号　　邮　　编　100024
电　　话　86-10-65450528　65450532　　传　　真　65779405
网　　址　http://cucp.cuc.edu.cn
经　　销　全国新华书店

印　　刷　北京中科印刷有限公司
开　　本　787mm×1092mm　1/16
印　　张　9.25＋1（彩插）
字　　数　122 千字
版　　次　2011 年 1 月第 1 版
印　　次　2024 年 12 月第 6 次印刷

书　　号　ISBN 978-7-81127-889-7/TU・889　　定　　价　39.00 元

本社法律顾问：北京嘉润律师事务所　郭建平

前言

现代社会中，住宅居所、工作环境、商业空间和文化设施的环境质量，是衡量一个国家、地区或城市经济发达程度和文明水准的标志之一，建筑室内空间的质量由此受到更多关注。技术和文化的进步，对室内环境和艺术质量的要求也更加具体化、多样化。近年来，国家基本建设的持续投入，大量的住宅对装修设计的迫切需求；各种商业、办公和文化空间对室内环境更高的要求；大批城市博物馆的兴建、各种商业和文化类会展等，构成了对这一设计领域的社会需求。

作为综合技术与艺术领域的设计门类，室内空间与展示艺术设计近年来获得极大发展。几乎所有设置艺术设计专业的高校都有环境艺术专业、室内设计专业或展示设计专业的设置；其他层次的室内及展示设计专业更不胜枚举。大量社会需求和这一专业领域设计教育的发展，不仅逐步完善了设计学科本身，同时也对专业的教学提出了新课题和新需求。室内设计专业的教学领域正在不断拓展并向纵深发展：一方面除了建筑与室内空间本身，还包括室内设计的相关领域，如博物馆陈列设计、各类商业空间设计、文化娱乐空间设计；另一方面也包括室内环境设计的相关技术领域，如各类空间的陈设艺术、采光与照明、室内家具、室内声学、绿化配置及水、电、风等专项技术领域的设计教学也都在迅速普及。这些教学领域发展所带来的需求，除了对教学内容和教学方法的研究和改革，同时也包括对与该专业相关的高质量教材的需求，而本丛书的编纂正是适应了该学科发展的需求。

考虑到不同层次的教学与使用的需要，本丛书将“室内设计”与“展示设计”这两个在学科性质上有许多相近之处，同时在课程设置上有较多重合的专业门类合并在一起，使其构成一个较为完整，并能相互配合、互相印证的教材体系，这将有助于这些相关的课程之间在知识体系方面的完整，同时也有利于使用者按不同的教学要求和培养对象来选择相应的教材。

本丛书各分册在编纂上，以课程教学为主导，系统论述该课程的完整内容，同时突出课程的知识重点及专业的系统性，并在编排上辅以大量的示范图例、实际案例、参考图表及优秀作品鉴赏等内容。教材与附的各学科教学进程安排和课程练习（作业要求、作业步骤、作业数量、建议课时和作业提示）仅作为建议，各使用院校可根据各自的专业教学重点选择采用。

在编纂过程中，作者充分考虑到各分册之间在知识内容和教学深度方面的相互衔接、互为补充；同时为适应不断发展的学科领域，还将不断推出后续的各分册，希望能够为这一专业领域的学科建设提供一套系统、科学和优质的教材。

华东师范大学设计学院

朱　淳

2010 年 10 月

目 录

目　录

第一章 室内照明设计概述

1. 光环境研究的意义

在原始社会，古人想尽办法从自然界中获取光源，主要途径是保存雷电击燃树木后产生的火光，在夜间，他们利用这些火光防寒、御敌。偶然之间，古人发现通过钻木取火也能得到光源，从此，人类开始根据自己的需要创造光源，生产力与生活水平因此大大提高。难怪恩格斯说："就世界性的解放作用而言，摩擦生火还是超过了蒸汽机，因为摩擦生火第一次使人支配了一种自然力，从而最终把人同动物界分开（《马恩选集》第 3 卷 154 页）。"

钻木取火只是人类创造人工光源的开始，在随后的千百年里，人类为了得到稳定、优质且持久的光源而不懈努力，但是结果总是不尽如人意。火光容易得到，但不宜控制其亮度；烛光由于受材料的限制，使用时间短且光源不稳定；煤油灯虽然发光时间持久，但是烟大呛人，且亮度不足。

直到 1879 年的某一天，发明家爱迪生给一枚碳丝灯通上电，明亮而持久的光线照亮了整个实验室，才正式开启了人类现代生活的光明之门。

日常生活中，光以自然光和人工光两种形式存在。白天，我们可以恣意地享受阳光；夜间，我们可以继续享受各种颜色的人工光带来的绚丽和精彩。

人类的现代生活，既离不开自然光也离不开人工光，如

图 1—1：人工光很难取代自然光，为人们创造出健康自然的日间生活环境。

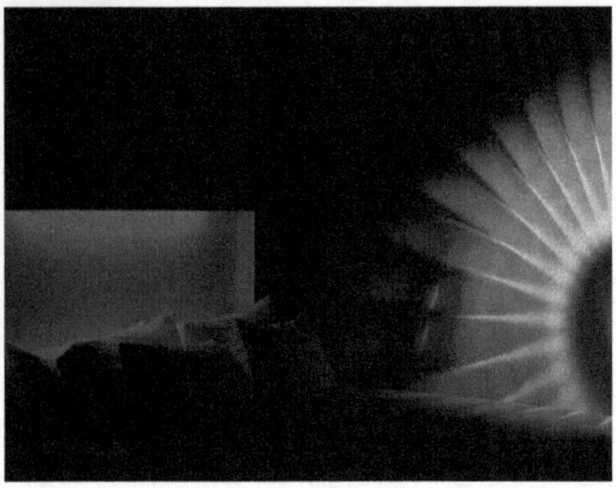

图 1—2、3：自然光和人工光对于现代人的生活同等重要，缺一不可。

果没有自然光，自然界中的植物无法进行光合作用，生物链遭到破坏，人类也无法生存；如果没有人工光，人类社会的生产力退回到原始社会水平，生活质量和生产水平大大降低，夜间活动时间也会大大缩短。

光对于人类生活意义重大，因此搞清楚光的特性，合理利用光、控制光尤为必要。特别是在环境恶化和能源危机等问题日益严重的当下，我们这些设计师特别要关注如何提高自然光的利用率，如何创造节能型优质光源，如何平衡自然光与人工光的关系，如何节约电能等问题，对这些问题的关注也促成作者写这本照明设计教材，呼吁更多的设计师开始关注绿色照明，重视对自然光的利用。

本书前半部分围绕着光的特性、人对光的需求、光与空间的关系等基本知识展开论述，随后，从大量的光环境设计案例和设计师经验之谈中，总结设计的规律和方法供读者参考。撰写本书的最终目标，在于希望广大设计师通过阅读本书，开始转变照明设计理念，注重对自然光的利用以及合理使用绿色人工光源。

光与空气、水一样，是人类必不可少的生存条件。

2. 光环境设计的基本认识

《辞海》中对照明的解释：利用各种光源照亮工作和生活场所或个别物体的措施。

照明设计，亦可称之为光环境设计，是指人们利用自然的和人造的物质条件，以改善人类的生存环境，提高人类的生活和生产质量为目的，对自然光和人工光进行科学的管理和规划，创造出满足人类物质和精神需求的光环境所进行的一项有意义的活动。

照明的基本目的是创造良好的可见度和舒适愉快的环境。

光环境设计研究工作的理论基础，来自众多学科，如环境学、社会学、经济学、美学、管理学、心理学、机械学、人机工程学和工程技术等，其研究方法包括定量研究和定性研究，例如关于各种光源特性的研究就是通过定量研究来完成的，关于光对人的心理影响的研究则是通过定性研究完成的。

光环境研究工作的进步反映人类科学与技术发展的成就，而在光源种类、光效能、光学元件等层面不断推陈出新有利于光环境研究的发展。由于光源创新和灯具设计依赖于现代电子技术、网络通讯技术等高新科技的发展，所以，研究工作紧跟时代的脚步，设计理念也要与时俱进，才能满足现代人对光环境的功能性、商业性和艺术性等多元化综合性需求。

一般而言，根据其照明目的不同，照明设计可分为功能性照明设计和装饰性照明设计。

照明设计可分为功能性照明设计和装饰性照明设计。

功能性照明的目的是满足不同场所不同活动所需的基本光照条件，使用者能在具有良好可见度的室内环境中安全有效地进行生产、工作和生活。照明设计方案不得违背人的生理机能需求，对自然光和人工光的利用和控制，应达到国家制定的照明技术标准（由于地理位置和气候的不同，世界各国的技术标准和规范有所差别）。

图 1—4：顶棚的日光灯带为室内空间提供足够的亮度，保证人们安全和正常的活动。

装饰性照明的目的是满足人们的审美和精神需求，利用光这种媒介创造具有特殊艺术效果的环境。如果根据马斯洛的层级需求理论，功能性照明主要满足人们初级层面的物质需求，而装饰性照明则满足人们高级层面的精神需求。

图 1—5：巨大的圆形吊灯产生的漫射光，为该视听空间提供基本的照度。

功能性照明和装饰性照明同时推动着照明设计研究的发展。例如，为了得到节能而优质的绿色光源，电气工程师发

图 1–6、7、8、9、10：LED（发光二极管）灯具率先应用于商业空间中。

图 1–11：装饰性的灯珠从墙壁一直延伸到顶棚，打破电扶梯通道的沉闷和单调，给人留下深刻的印象。

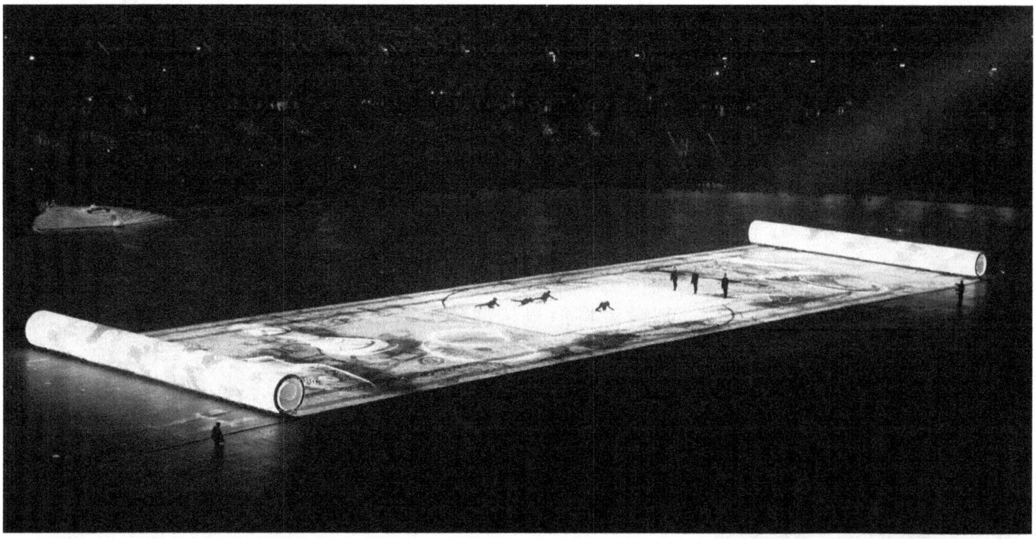

图 1—12：2008 北京奥运会开幕式上，利用 LED 设计的巨大卷轴，将一场奇妙的视觉盛宴献给全世界的人们。

明了高频无极灯（详细情况见第三章第二节），这种高显色性和节能的光源逐渐替代传统的高压纳灯，进入各类大型演艺空间和体育场馆，为观众提供更优质的照明环境；为了让全世界的人体会到中国历史的悠久和文化的深厚，在 2008 年北京奥运会开幕式上，设计师运用 LED 灯具（发光二极管），制造出如梦如幻的艺术效果，震撼全世界。

3. 室内光环境设计的依据

在发明人工光源以前，人们特别关注自然光对室内空间的影响，如何将自然光尽可能多地引入到室内成为当时建筑师的一项重要设计任务；在人工光源发明之初，由于人们可以轻而易举地得到光，建筑师不再受制于采光的问题，因此建筑的外部形态和内部结构也开始多元化，甚至出现了无窗建筑，完全依赖于人工光源，显然设计师正沉浸在利用人工光源创造光环境的骄傲情绪之中。直到 20 世纪 30 年代现代主义建筑运动，建筑师开始意识到自然光和人工光对人的影响同等重要，即便如此，还是难以阻挡光污染范围从城市扩大到郊区，只要你抬头看看夜空是否有星星，你就知道现在光污染有多严重。

一百多年来，人类历经人工光的发明到人工光的泛滥使用，如今，我们面对日趋严重的光污染现象，必须重新思考光环境设计的依据，从而修正我们过度依赖人工光而忽视自然光的错误设计理念。

图 1—13、14、15：夜间航拍到美国南加州城市的夜景、日本东京的城市夜景和英国伦敦的城市夜景。

(1) 人的生理反应

显而易见，人体通过各种感受器官接受外界信息的刺激。视觉、听觉、嗅觉、味觉和触觉构成了人体的五大基本感知系统。

在这五大感知系统中，视觉系统居其首位，据相关研究结果显示，人对外界信息的获取，80% 以上是通过视觉系统。视觉系统受外界环境中的色彩、形态和光影等一切可视信息刺激，将信息传递到大脑，经大脑作出判断，指导人们的言行举止。

"眼睛"是人对"光"信息接受和感知的唯一途径，不同强度的光对眼睛造成的影响也不同，当光线过亮或明暗对比过强，超出了人眼的适应范围，就会造成眩晕感和恶心感，严重的会引起暂时性失明。可见，了解人对光的生理反应是制订科学光环境设计方案的基础工作，不容忽视。

图 1–16：倒时差是一件痛苦的事情，因为我们的生物钟被打乱，需要一段时间才能调整好。

(2) 人的心理感受

近年来，在心理学研究和临床治疗领域，出现一种通过光治疗人类心灵疾病的方法，这种光疗法主要治疗由于时差混乱而引起的身体节奏失常疾病，如失眠、自闭症、抑郁症等。具体而言，利用光疗法治疗睡眠障碍，向患者照射 3000LX 以上的高照度灯光 1 ～ 2 小时，通过刺激视网膜神经，间接地刺激掌管生物钟的下脑丘，达到调整身体节律的目的（如图 1–17 所示）。采用光疗法的根本依据在于"人生来就具有向光性"的特点。

图 1–17：一位患者正在接受光疗，调整身体的节律。

明亮的光不仅能刺激视觉神经，还可以引导人的情绪。一般情况下，沐浴在直射阳光中，人的情绪会高涨，而处在黑暗的夜空下，人的心情会变得低落。不同的亮度对情绪的影响不同，不同的人对亮度的感受也不同，因此不能一概而论亮比暗好。当我们需要进行思考时，当我们需要完全放松身体时，暗的环境可能更适合。

图 1–18：未添加遮光罩的灯具容易产生直射眩光，在设计中应当尽量避免。

图 1-19：罗马万神庙的自然光设计体现了建筑师对自然光的重视。穹顶的直射光不仅是照亮神庙的主光源，更重要的是提升了光的宗教寓意，暗示出神的遥远以及人的渺小。

(3) 人的尺度

以人的尺度为依据才能创造出适合人居住的环境。

文艺复兴运动以前，不论是东方的佛殿还是西方的教堂，建筑师是以佛和神的尺度为设计依据，普通的民众处在被巨大尺度所震撼的位置；文艺复兴以后，人类开始转动自己的眼睛，开始观察自己，感觉自己的身体，开始以人的尺度作为一切设计的依据。但是，工业时代的来临，却打破了这种和谐，巨大的烟囱和庞大机器再次抛弃以人为本的设计理念，人们又一次处于被动的位置。城市的街道、建筑等空间的设计都以规模化的产品和巨大的机器为设计基准，直到现在，大多数的现代化城市仍旧保持着水泥森林的城市景观，只有在极少数的小城市中，是以人的尺度建造广场、街道、建筑。

光环境设计作为环境设计的一个分支，如果无法以人的尺度为设计依据，人们就无法身心舒适的享受生活，只有以人的尺度作为光环境设计的基本依据，考虑不同年龄段、不同身高、不同体型、不同生活习惯的人群的特征和需求，才能创造出安全和舒适的光环境。

4．室内光环境设计的趋势

设计理念的创新与设计方法和产品的创新相辅相成。

早在 20 世纪 50 年代，像理查德·凯利这样的照明设计师们就提出以“质量”作为主要设计标准的现代照明设

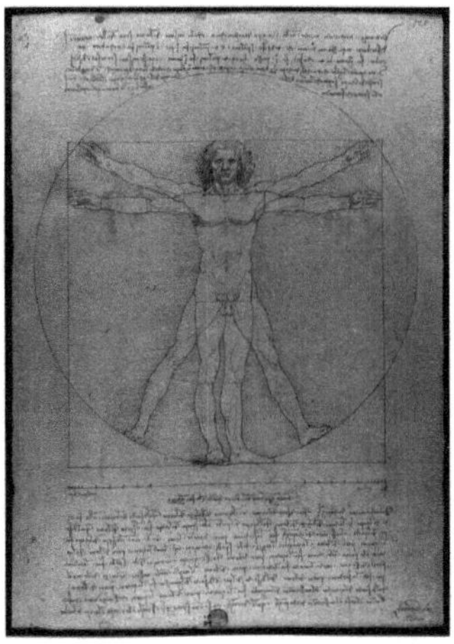

图 1-20：根据维楚维斯理论所绘的人体比例图，约 1490 年（文艺复兴时期），藏于威尼斯艺术学院。

图 1-21：日本设计师安藤忠雄设计的“光教堂”，这是一座以人的尺度设计的教堂。

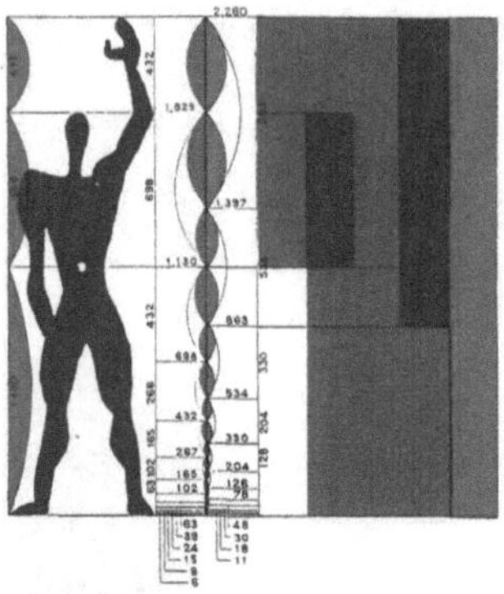

图 1-22：勒·柯布西耶的“模度”概念示意图。

图 1—23、24：LED 技术的推广：通过调节 LED 灯的亮度来控制玻璃的透明度。

计理念，并开始对照明进行定性研究，随着发电技术与基础供电设施的迅速发展，为许多大跨度的功能复杂的建筑空间提供日间照明，弥补自然采光的不足。之后，为满足人们对多彩光源的需要，新的人工光源不断问世，例如，1959 年，第一盏卤素灯被发明；1962 年，金属卤化物灯问世。

设计者认为光环境设计方案不仅要提供优良的照度，满足使用者从环境中获取信息的需要，而且要考虑人的精神需求，即对光环境的愉悦体验。这样的出发点没错，但是采取的办法并不是通过增加照度和灯具数量来实现这个目标。所以有一部分设计者开始质疑：获得舒适的光环境一定要以牺牲能源为代价吗？

20 世纪 60 年代开始，照明设计观念有所转变：设计舒适的光环境，不能以过度消耗能源为代价；只有创造出具有优质光效和低能耗的人工光才能解决这一矛盾，终于在 1969 年，美国人发明的 LED 灯，消耗能量较同光效的白炽灯减少 80%；1978 年，紧凑型荧光灯的发明，开始取代白炽灯，可以节电 70% ~ 80%，寿命比白炽灯长 5 ~ 10 倍；1991 年，日本人和荷兰人几乎同时发明的高频无极荧光灯，具有超长寿命（40000 ~ 80000 小时），一经推出，广泛应用于公共建筑、商店、隧道、步行街、高杆路灯上。此外，1996 年，英国环境建筑师协会提议：在建筑设计上使用 40% 玻璃窗是节约电能的重要手段，这样的提议得到广大照明设计者的认可。

频闪效应是照明环境的“隐形杀手”。

电光源的光通量随交流电源电压的周期性变化而变化，且使人眼产生视觉疲劳或视觉错误的现象称为频闪效应，通常用波动深度来度量。波动深度越大，表示频闪越严重。研究表明，当波动深度大于25%时，会损害健康，当波动深度小于60%时，人眼感觉不到，但会危害健康。

根据国际最新照明、医疗、保健、环保等多学科的研究结果，如英国剑桥大学医学研究中心的A.Waling博士和国际照明委员会J.Schanda教授指出：“频闪是引起近视和偏头痛的主要原因”。因此，在提倡绿色照明的今天，应引起人们的高度重视。

光源种类	白炽灯	荧光灯	汞灯	钠灯	金卤灯	节能灯
工作频率	50Hz	50Hz	50Hz	50Hz	50Hz	80KHz
波动深度	5% ~ 15%	55%	65%	80% ~ 130%	80% ~ 130%	3%
危害健康	无	重	严重	很严重	很严重	无

图 1—25：不同光源的频闪特性。

图 1-26、27、28、29：未来的光环境设计方案，目的是利用高科技技术在自然光和人工光之间找到一个最佳平衡点，既能节约能源，又能满足人们的需求。

虽然LED这种新光源的普及正经历着漫长的过程，但是绿色照明设计理念却逐渐深入人心。

绿色照明设计理念是指通过采用高效、安全、性能稳定和使用寿命长的照明产品，提高光环境的质量。与一般照明产品相比，绿色光源或灯具可以节电60% ~ 80%，节电潜力巨大。1991年美国环保局率先提出实施“绿色照明”和推进“绿色照明工程”的理念，迅速得到联合国的支持和许多发电国家的重视。1993年，我国国家经贸委开始启动中国绿色照明工程，3年后正式纳入国家发展计划。

目前市场上主要的绿色照明产品有：高压钠灯、金属卤化物灯、紧凑型荧光灯、半导体发光二极管（LED）、无极荧光灯等。未来，还会出现更多的低耗能、高光效、经济美观的绿色照明产品。

现在，几乎所有的设计师都知道室内光环境设计的内容包括自然光设计和人工光设计两个方面，不论时代如何变迁，这一基本认识不会改变。

未来，设计师的任务也非常明确：运用现代科技手段，采用低能耗高光效的绿色照明产品，以合适的照明方式创造安全和舒适的室内光环境。

图 1-30：“使用节能灯吧”漫画。

图 1–31：利用电脑控制LED灯具光色的变化，给农作物施加没有污染的绿色肥料（研究示意图）。

光肥

1891年，著名生物学家达尔文在谈到“植物的动力”时指出，植物对蓝色光有强烈的趋向性。1993年，科学家通过研究进一步发现，增加蓝色光的比重，植物就会生长茂盛，产量大幅度提高。调节光的成分和比重，就能提高农作物的产量，“光肥”这一概念诞生了。

同样是塑料薄膜，转光膜却能增产提质。奥妙在于薄膜中添加了稀土纳米多波段转光粉，它能把太阳紫外光和部分黄绿光转换成红光和蓝光。这两种光是植物光合作用必不可少的，红光能让植物结果，蓝光则让植物长茎叶。盖上这种转光膜，即为农作物施加了没有污染的“光肥”。目前这种转光膜已在农田中普遍使用。科学家正研究如何将LED这种绿色光源转化成高效的光肥。

本章重点与习题：

1. 室内光环境设计的依据是什么？
2. 描述一下未来的光环境设计趋势。
3. 在生活中，你想如何实践绿色照明设计？

第二章 光环境中的视知觉体验

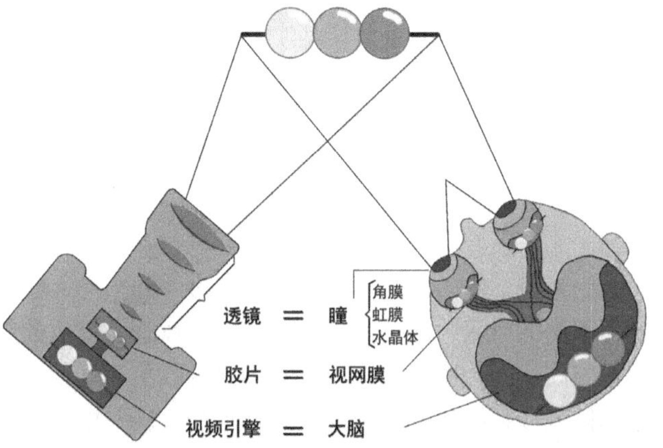

图 2–1：该示意图表现人的视觉系统与照相机成像原理的对应关系。

1. 视觉体验

现代意义上的第一台照相机诞生于 1839 年，由法国人达盖尔制成，这台银版照相机的结构十分简单，仅包括暗箱、镜头和感光材料。其工作原理是：被摄景物反射出的光线通过照相镜头（摄景物镜）和控制曝光量的快门聚焦后，被摄景物在暗箱内的感光材料上成像，经冲洗处理（即显影、定影）构成永久性的影像。正如你所了解的，照相机发明的灵感来自于人们对人眼结构和工作原理的研究。

照相机通过具有收集和会聚光线能力的镜头观察世界。人眼的角膜同样具有收集和会聚光线的能力。之后，光线通过眼前房（里面充满眼房液），接着，光线通过瞳孔和虹膜上的开口，虹膜内肌肉的舒张和收缩改变瞳孔的大小，控制进入光线的数量。最后，光线通过玻璃体液投射到视网膜上，而相机是利用感光材料固定被摄景物的影像。至此，拍照过程结束，但是视觉体验的过程还将继续。汇集在视网膜上的图像经过视神经传递到大脑，由大脑对接收的视觉信息进行分析和译码，当我们得出“看到什么”的结论时，视觉体验的过程才算完全结束。

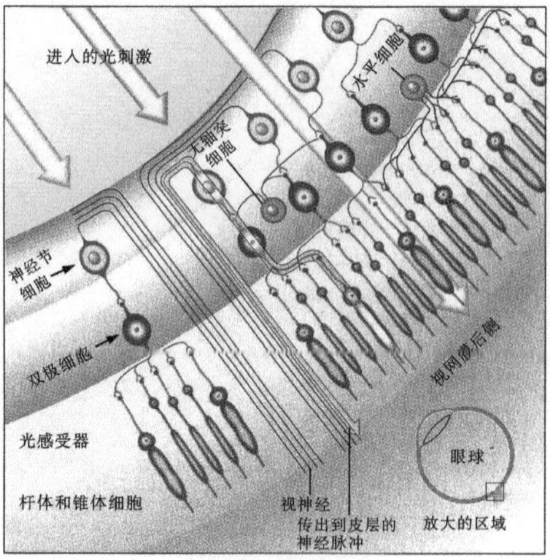

图 2-2：视觉神经系统示意图。

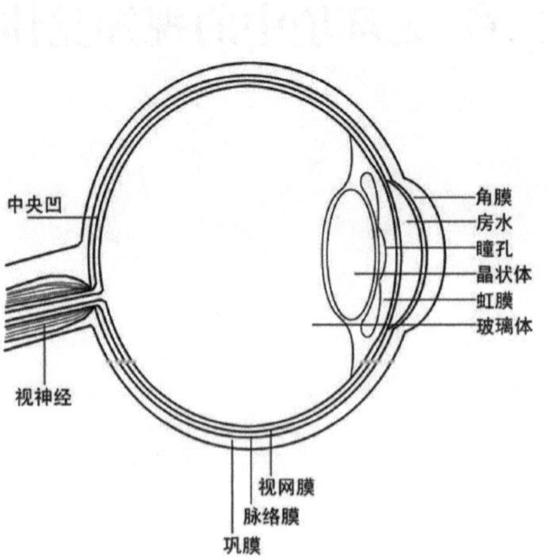

图 2-3：人眼的结构示意图。

人们常说，眼睛是心灵的窗户，通过这扇窗户，我们可以看到不同的风景，即便大家面对同样的风景，得出的结论却大不相同。因为眼睛只完成了对信息的收集工作，而完整的视觉体验应包括大脑对视觉信息作出的反应，由于个体的差异，得出的结论不免带有主观的色彩，因此，视觉体验的主观性特征是客观存在的，是不容研究者忽视的方面。

在此，也提醒我们这些研究视觉设计的人们，视觉体验方面的研究应从客观和主观两方面同时进行，以保证结论的真实性。

2. 视觉环境

大家都有过类似的视觉体验：

白天，从户外进入伸手不见五指的影院内，一开始感觉自己像失明了，过了一段时间，才能逐渐适应。

晚上，路灯光线昏暗，远远看见一只黄色的猫停在路中间，走近一看，却发现这是一只白猫。

我们常常依据光环境的亮度、色彩和对比度来判断视觉环境的特征。由此可见，没有光线或光线太暗时，我们无法准确判断周围环境的特征。

人眼对环境中亮度的感知受两种因素的影响，一种是受亮度本身的影响；另一种是受物体与环境亮度的比值影响。

在全光谱的照明条件下，人眼对物体的色彩的判断最准确，换言之，任何缺少或加强某个波段光谱的光源，都会影响人眼对物体颜色的判断。人工光源中，最接近全光谱的光源是白炽灯和卤钨灯这一类的热辐射光源。钨丝灯和卤钨灯光源色表呈现黄白色，如果以自然光 100 的显色指数作为参照，显色指数高于 90，在这些光源下，物体显现出最真的颜色，而在高压汞灯和低压钠灯下，同样的物体显现的颜色却偏暖，因为这两种光源的显色指数均低于39。但是由于人的视觉系统对色彩的认知具有恒常性，即使在不同显色指数的光源下，大脑对视觉神经感知到的颜色进行加工，最后得出对物体本色的认知。这就是为什么在夜晚昏暗的光线下，我们仍然知道树叶是绿色的，而不是红色的。

在同样的光照条件下，影响人眼对环境中亮度的感知的因素来自两方面，一方面受到颜色物理亮度的影响，另一方面则受到物体与环境之间对比关系的影响。

物体表面的光滑程度、材料的质感和色彩属性等因素直接影响人眼对物体亮度的判断。例如，在同样的人工光照环境中，同样体积的两个立方体，灰色金属质感的立方体比灰色布面的立方体看起来亮很多，因为金属材质的反射系数高于表面颗粒较粗的布面，进入人眼的光线较多。

另外，由于受到视野中的环境亮度和物体亮度之间对比度影响，眼睛对亮度的感知有所不同。理论上而言，当环境亮度保持在100cd/m^2，物体亮度与环境亮度的比值在3∶1，人眼的感受性最高。例如，将同样体积、颜色和质感的立方体放置在不同照度的环境中，与100cd/m^{2}亮度的环境相比，人眼能更迅速地从300cd/m^{2}光环境中判断出立方体的特征。

当环境亮度逐渐升高时，即便物体亮度和环境亮度的比值在3∶1，眼睛的感受性的下降趋势迅速；如果环境亮度逐渐下降，物体亮度和环境亮度的比值仍是3∶1，眼睛的感受性下降趋势较缓。譬如，我们被暴露在高光下更容易产生眩晕，而处在昏暗感觉更放松些。值得注意的是，实际生活中，视神经对亮度的判断存在个体差异，换言之，人眼对明暗的适应性不同，作出的判断也不同。

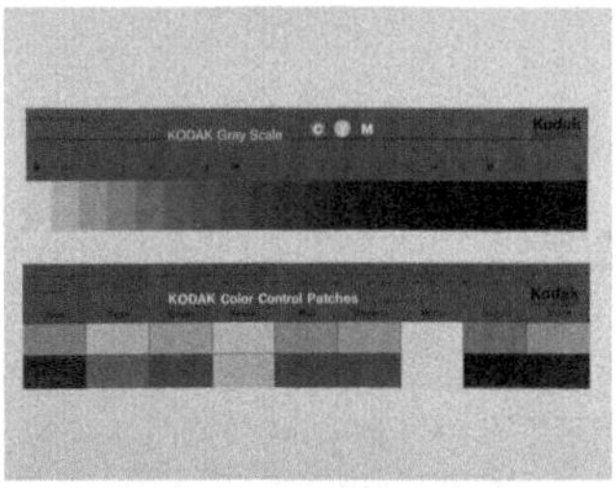

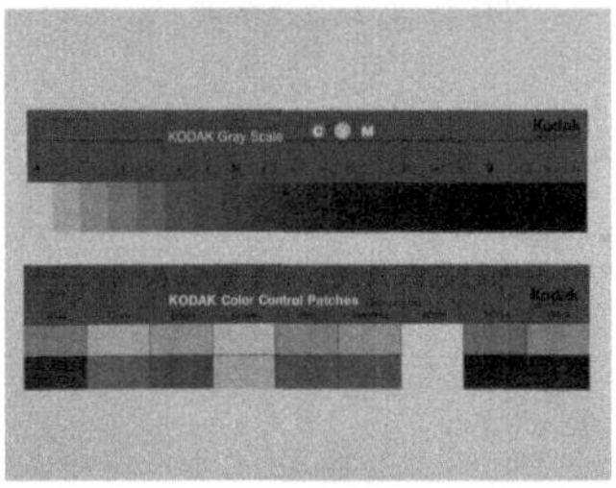

图2-4、5：比较相机记录下的人工光源，在同一色卡上的显色情况：高色温白炽灯下，手动白平衡，红色仍然太多；荧光灯下，使用自动白平衡，显色性一般，红色太多，蓝色太少。

图2-6：日光下，由于材料的反射性很强，建筑熠熠生辉。

图2-7：经金属质感的柔软布料包裹后的古老石桥，随自然光的变化呈现不同的亮度。

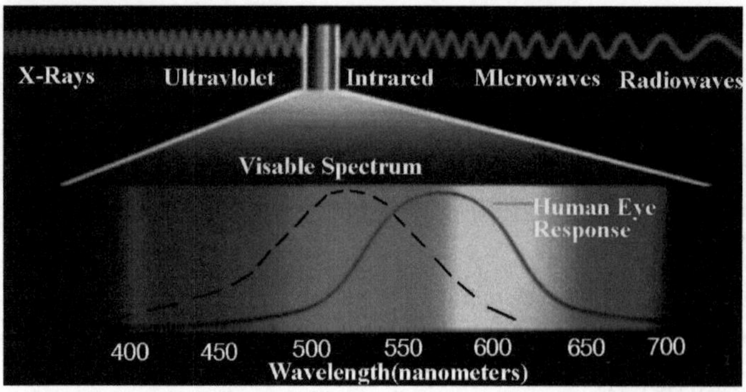

图 2-8：可见光谱中，人眼对 500nm～600nm 间的波长最为敏感。

3．视觉对光的反应

(1) 识别阈限

低亮度环境中，人眼对507nm的光波最敏感、高亮度环境中，人眼对555nm的光波最敏感。

能引起视觉体验的最低限度的光量，被称为识别阈限，此概念的产生起源于心理物理学的研究。心理物理学主要研究物理刺激和刺激所产生的心理行为和体验的关系。

德国物理学家费希纳是心理物理学研究领域最重要的人物之一，他提出测量物理刺激强度（用物理单位测量）和感觉体验大小（用心理单位测量）之间关系的方法。其目的是，研究确定阈限并建立感觉强度和刺激强度之间关系的心理量表。

将该科学的研究方法应用于照明研究中，就能以量化的方式解释人的视觉体验与光的度量之间的关系，就能确定人在多大的亮度范围内可以感受到光的刺激。根据视觉的绝对阈限测量实验确定人的最低觉察阈限为“在晴朗黑夜中 3 0 英里处看到一根燃烧的蜡烛”，同理，可以确定人的视网膜能承受的最高亮度为106cd/m^2，超过此亮度，视网膜会受损，引起识别障碍。

(2) 视觉的灵敏度

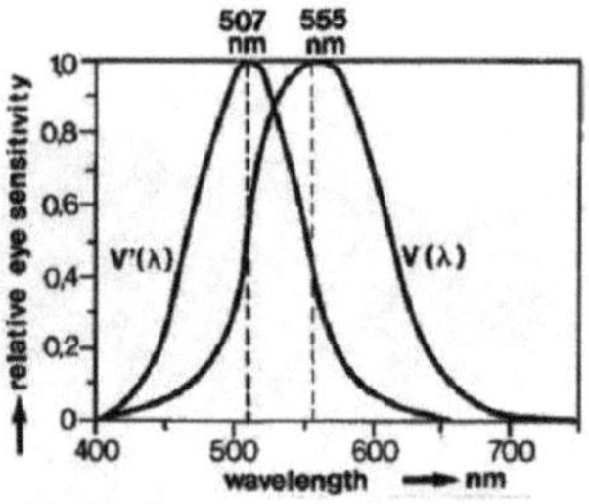

图 2-9：视觉敏感曲线图。

人眼在可见光谱范围内的视觉灵敏度是不均匀的，它随波长的变化而变化。

可见光的波长约在 380nm ～ 780nm 之间， 人眼对黄绿色的敏感度最高。在低亮度水平时，整个眼睛视觉灵敏度曲线会左移，相当于靠近较短波长，其最敏锐的高点是507nm 位置，这个曲线被称为夜晚视觉灵敏度曲线，在高亮度水平时，视觉灵敏度曲线会右移，其最敏锐的高点是555nm 位置，如图 2-9 所示。

但是人眼的视觉灵敏度除了与波长相关外，还受到光源的亮度、环境与目标物的亮度比值、目标物的体积和颜色等相关因素影响，可见，视觉的灵敏度是一个非常复杂的综合性问题。

目前，关于视觉灵敏度的研究，人们普遍接受的研究结论是：

① 当室内环境的亮度与目标物的亮度比值为 1:3 时，人眼能迅速辨别其间的差异，如图 2–10。

② 当目标物的亮度小于环境亮度的 1/5 时，视觉灵敏度会降低一半以上。

③ 当目标物的亮度大于环境亮度 5 倍时，视觉灵敏度也会降低一半以上。

④ 由于室内最常用的照度范围是 500 ~ 1000lx，因此，室内普通墙面的亮度应保持在 50 ~ 100 cd/m^2 之间。

图 2–10：在缺乏环境照明的空间中，展台上的灯光成为瞩目的焦点。

(3) 明视觉、暗视觉

人眼的视网膜上有两种视觉细胞：锥体细胞和杆状细胞。约 700 万个锥体细胞不但可以接受色彩的刺激，还可以感受亮度的刺激。所以，在白天自然光下，人眼可以同时识别彩色与非彩色的物体，到了夜间或暗处，约 1.2 亿个杆状细胞取代锥体细胞发挥作用，此时，人眼对白色和灰色的感受力加强，对其他色相的感受力下降。

实验显示：当环境亮度大于 10 cd/m^2 时，完全由锥体细胞起作用，视觉最敏感的波长是在蓝绿区间中，科学家将处在这样亮度的环境中的视觉特性称为明视觉；当环境亮度低于 10 cd/m^2 时，杆状细胞取代锥体细胞，人眼感觉彩色的能力下降，科学家将处在这样亮度的环境中的视觉特性称为暗视觉。

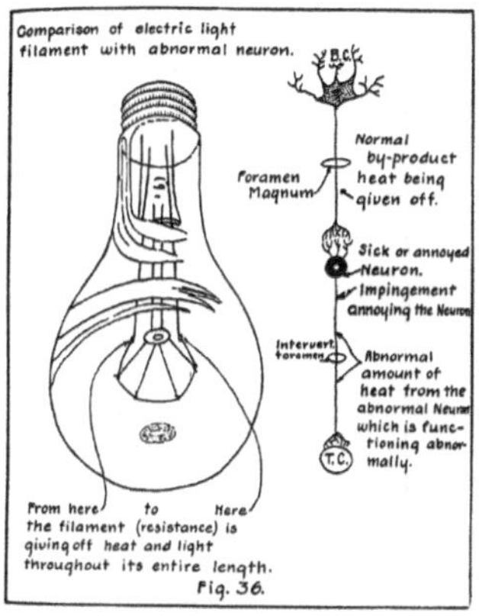

图 2–11：该示意图分析视觉神经系统中不同细胞的功能。

(4) 明适应、暗适应

① 明适应

人由暗处走到亮处时的视觉适应过程，称为明适应。例如，在游乐场体验过山车，当过山车慢慢地爬进山洞。从山洞口俯冲到室外时，游客发出的尖叫声最大，一方面是因为速度比较快，另一方面是由于从黑洞到亮处，人们一时无法辨认自己所在的高度和方位，产生短暂的晕眩，需要用叫声来驱赶这种紧张感。

当人由暗处走到亮处时，人眼一时无法辨认清物体，需要大约一分钟的调整适应时间，其调整过程分为三个阶段：

第一阶段，瞳孔缩小，光线的进入量减少。

第二阶段，锥体细胞敏感度逐渐增加。

第三阶段，杆状细胞敏感度迅速降低。

② 暗适应

人由亮处走到暗处时的视觉适应过程，称为暗适应。例如，当电影开场后，我们从明亮的等待大厅进入漆黑的电影放映厅，感觉一阵紧张，不自觉地用手去扶着墙壁，以防被脚下的障碍物绊倒。

当人由亮处走到暗处时，人眼一时无法辨认物体，需要大约 30 分钟的调整适应时间，其调整过程也分为三个阶段：

第一阶段，瞳孔放人，光线的进入量增加。

第二阶段，锥体细胞敏感度减弱，感光度逐渐增加。

第三阶段，杆状细胞敏感度迅速增加，代替锥体细胞。

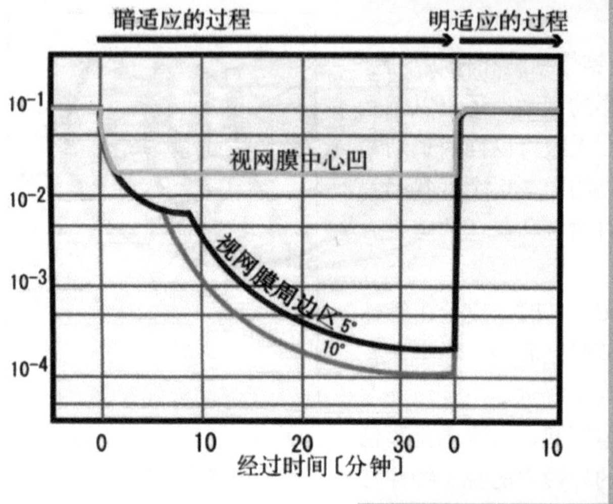

图 2–12：该示意图主要比较、分析视觉的明适应和暗适应所需要的时间。

本章重点与习题：

1．在光环境中，影响视觉对环境判断的因素有哪些？
2．什么是视觉阈限？怎么定义人的视觉阈限？
3．举例解释什么是明适应和暗适应。

第三章 对光的认识

1. 光源的基本性质

(1) 显色指数（Ra）

衡量光源显现被照物体真实颜色能力的参数，常用光源的显色指数总结如下表：

光源名称	一般显色指数（Ra）	色温（K）
白炽灯（500W）	95以上	2900
卤钨灯（500W）	95以上	2700
荧光灯（日光色40W）	70~80	6600
高压汞灯（400W）	30~40	5000
高压钠灯（400W）	20~25	1900

(2) 色温

当光源发出的光的颜色与黑体在某一温度下辐射的颜色相同时，黑色的温度就称为该光源的颜色温度，简称色温，以电光源的开始温标表示，符号是 K。光源色温大于 5300K 时的光色看起来比较凉爽，称之为冷色光，用 RR 表示；色温小于 3300K 时的光色看起来比较温暖，称之为暖色光，用 RD 表示，如图 3–1 所示。

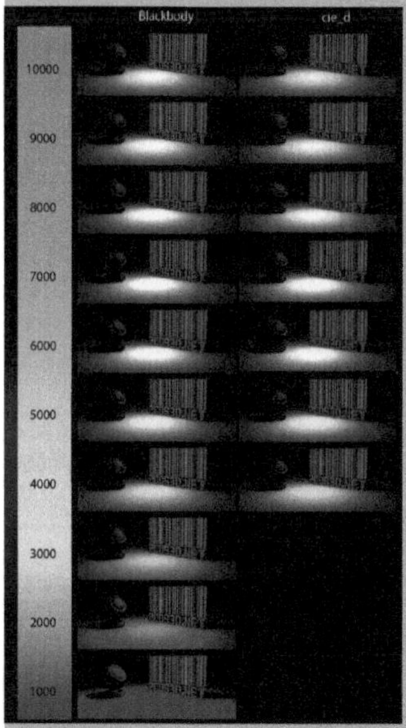

图 3–1

(3) 发光效率

光源将电能转化为可见光的效率，即光源消耗每一瓦电能所发出的光，数值越高表示光源效率越高。从经济方面考虑，光效是一个重要的参数。单位：流明（瓦 / Lm / W），即光效 η = 光通量 (Lm)/ 耗电量 (W)。

图 3-2：由于远处窗口的亮度与室内亮度形成强烈反差，人们容易在近处光滑的地面上看到间接眩光。

(4) 功率

是指灯泡或灯管在工作时所消耗的电功率，通常光源是按照一定的功率等级来制造的。

(5) 光通量输出

是指光源在工作时所发出的光通量，光源的光通量输出既与光源本身的发光能力有关，也与点燃时间有关。

(6) 眩光

当人眼感受到眩光时便产生不舒适、辨别能力下降等不良反应，关于眩光产生的原因和防止眩光的方法，详情见本章第五节。

传统意义上的眩光是一种光污染，当选择光源、灯具不当或光源与灯具配合不当时，往往产生眩光。但是近年来，合理利用眩光完成的特殊光效设计的案例越来越多，显示出设计者逐渐以中立的态度看待眩光这一现象。

(7) 光衰

光源在使用过程中，随着时间的推延，其光通量逐渐减少的现象称为光衰。

2. 光源的类型

目前，人工光源的类型包括热辐射光源、气体电光源和固体发光光源三种，由不同光源可组成光纤照明系统。

(1) 热辐射光源

热辐射光源有白炽灯和卤钨灯。热辐射光源是利用电流通过电阻丝发热形成的热辐射发光。

1879 年，爱迪生发明了白炽灯，其优点是显色性好，体积小巧。白炽灯的缺点是：光效低，只有 10% 的电能转换成光能，是高耗能产品；寿命短，800 小时左右；白炽灯红外光谱超过发光总光谱 60% 以上，对人眼不利。

随着能源日趋紧张和人类对照明要求的不断提高，白炽灯将可能成为被首先淘汰的产品，被更优质的卤钨灯代替。

图 3-3：爱迪生。

图 3-4：白炽灯泡。

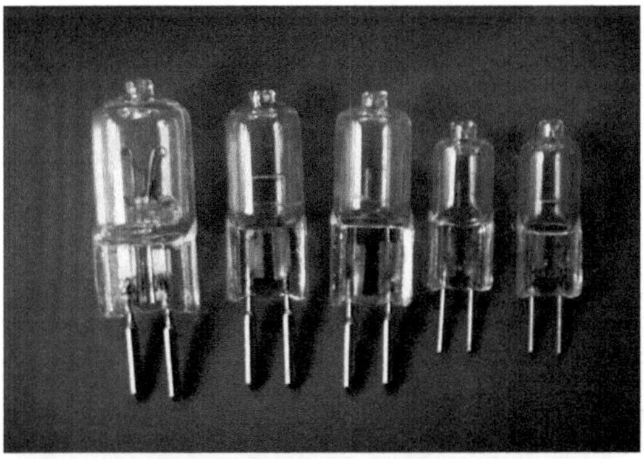

图 3-5：不同型号的卤钨灯珠。

图 3-6：卤钨灯。

图 3-7：白炽灯优良的显色性和便宜的价格，使得它在空间中使用普遍。

图 3-8、9：荧光灯照明效果

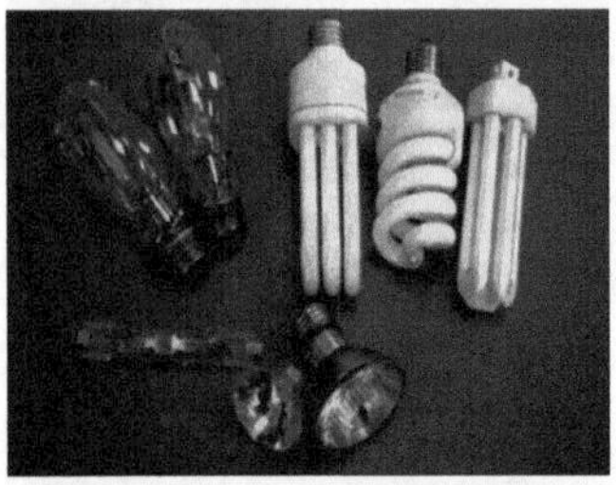

图 3-10

卤钨灯是一种性能更为优越的白炽灯，与传统的白炽灯相比，发光效率更高和使用寿命更长。室内环境中，带反射镜的低压卤钨灯常用于泛光照明，这种灯不会出现灯泡变黑的现象，光衰小，而带有分色镜的卤钨灯可以进行彩色照明，并且消除 80% 以上的红外线，所以在商业空间或会展空间中常用到这种灯。

(2) 气体电光源

气体电光源分为低压气体电光源、高压气体电光源和辉光发电光源，如图 3–10。

① 低压气体电光源

低压气体电光源有荧光灯、紧凑型荧光灯、低压钠灯。

• 荧光灯

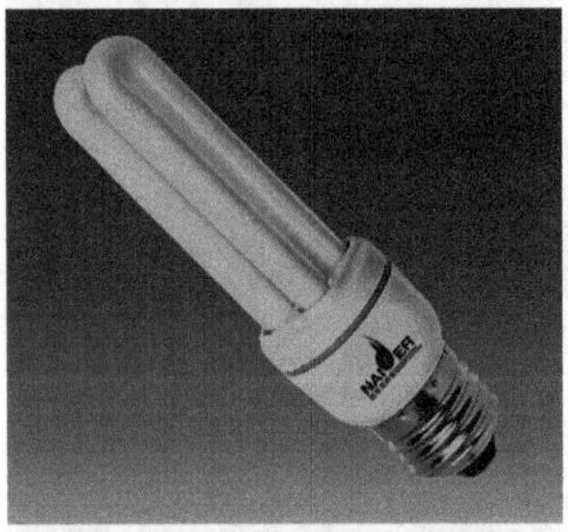

图 3–11

20 世纪 80 年代，人们首先生产出低气压放电的荧光灯。荧光灯不是热辐射发光，它是利用荧光粉受电子、紫外线或 X 射线照射后发出可见光，其光效比白炽灯高很多。目前使用最广的荧光粉是卤磷酸钙荧光粉，这种荧光粉具有光效高、价廉等优点，但是由于其发射的是具有单调频线而且相当部分落入紫外的光谱，光源色表看起来比较冷。普通荧光灯显色性一般，常用的荧光灯有直管型和环型两大类。

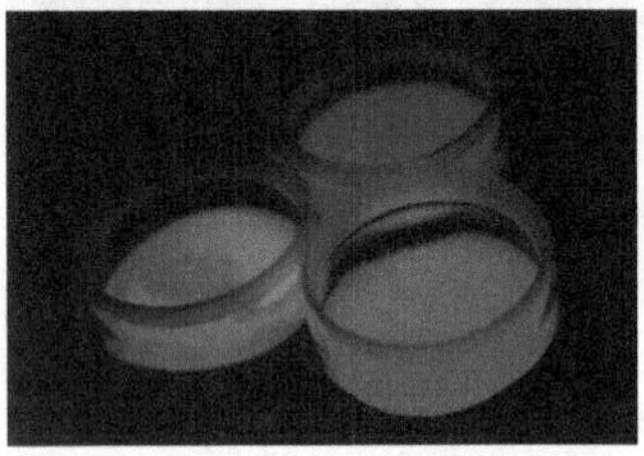

图 3–12

• 紧凑型荧光灯

紧凑型荧光灯也称为节能灯，是利用三种（440nm 的蓝色，545nm 的绿色，610nm 的红色）不同颜色的稀土荧光粉以适当的比例组合成的灯管，再配上优质镇流器，如图 3–11、12 所示，紧凑型荧光灯具有以下优点：A．光效高。

稀土荧光粉能把看不见的紫外光线转换成可见的红、绿、蓝光，从而使光效达到每瓦50流明以上，是白炽灯的5～6倍。B．显色性好。通过稀土荧光粉的转换，发光颜色丰富，其显色指数Ra达到80以上，更接近自然光，有利于保护视力。C．光衰小。2000小时的光衰在10%～20%左右；D．发光稳定，无频闪。

• 无极荧光灯

无极荧光灯，顾名思义，是指不带电极的荧光灯。这种灯的主要优点在于，它消除了制约荧光灯寿命的关键因素——电极。

无极灯的商业化生产可以追溯到1991年，当时，日本松下公司仅在日本境内推出了一款无极荧光灯，它是利用H型放电原理来工作的。在泡壳的赤道位置绕有空气芯感应线圈，同时还内置了镇流器。它的工作频率在13.56兆赫兹。对一盏27瓦的这种灯来说，其工作电压是交流100伏，相应的光通输出是1000流明，因此，光效为37.0流明／瓦。而它的平均寿命则高达40000小时。为了防止电磁干扰，这种灯的外面还罩有一个金属罩。就在同一年，飞利浦公司宣布研制成功5SW高频无极灯，在其后的五年内，又相继研制出85w和165w高频无极灯。高频无极灯是一种集现代多种电光源优点为一体、高发光效率、高显色性、高发光稳定性、无频闪、长寿命并符合环保要求的新光源。

• 低压钠灯

低压钠灯是利用低压钠蒸气放电发光的电光源，在它的玻璃外壳内涂以红外线反射膜，其特点是光衰小和发光效率

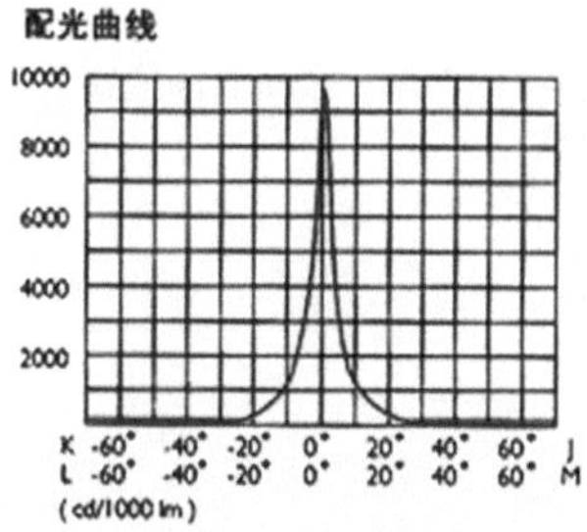

图3–13. 无极荧光灯的配光曲线图。

图3–14、15. 不同外型的无极荧光灯。

图3–16. 无极荧光灯的照明效果。

图 3–17：高压汞灯下的植物更显翠绿。

高。低压钠灯发出的是单色黄光，显色性比较差，所以低压钠灯常用于对显色指数要求低的环境中。

② 高压气体电光源

高压气体电光源（High–Lntensiry–Dischurge，简称HID）有高压汞灯、高压钠灯、金属卤化物灯等。

• 高压汞灯

这是目前用量较多的灯种，特别适用于室内外的植物照明，由于这种高压汞灯的蓝绿光谱最强，所以绿色植物在此光源下色彩更接近白天看到的绿色，如图 3–17。但由于光效较低、发光颜色单调，所以使用范围较窄。

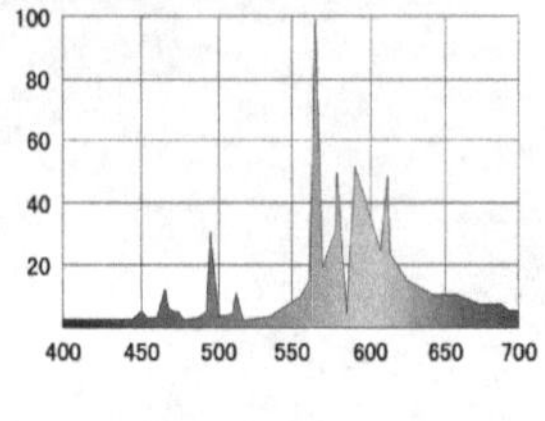

图 3–18、19：高压钠灯和金属卤化物灯的光谱能量分布示意图。

• 高压钠灯

高压钠灯因其有较高的光效而用于一些道路照明。但它的显色指数（Ra）比较低，普通的钠灯只有 20 ~ 30Ra，质量好的能达到 40 ~ 50Ra；启动时间长，通电后约需要 5 ~ 15 分钟才能充分点亮；在点亮的过程中热辐射很大，点亮一小时后灯具内的温度达到一百多度，在一些环境温度较高的场所或在夏天的时候，钠灯在长时间点亮时会出现断弧现象，断弧后就给使用者造成一种突然停电的感觉，这样给使用者带来很大的不便。高压钠灯燃点时温度很高，其眩光效应也很明显。高显色性的钠灯虽然显色性有所改善，但其光效和寿命则降低。

• 金属卤化物灯

金属卤化物灯也是高压气体放电灯的一种，综合比较，它比高压钠灯更实用，光效在 70 ~ 90lm/w，显色指数在六十左右。但因金属卤化物灯和高压钠灯都是属于高压气体放电灯，所以启动时间长，在点亮的过程中热辐射很大，此外，在使用期内，同一支金属卤化物灯的色表变化很大。

③ 辉光发电光源

霓虹灯是属于冷阴极辉光放电光源。据考证，它的名称是从“NEON LAMP”翻译过来的，这里的“NEON LAMP”一词指的是稀有气体元素氖。在早期制作的霓虹灯内充入的稀有气体是氖（NEON），因此 NEON LAMP 按意译可译为氖气灯，按音译可译为霓虹灯。而音译过来的霓虹（NEON）一词，正是汉语彩虹的意思，恰好霓虹灯充入稀有气体如氦、氖、氩、氪、氙以后所发出的绚丽光色，正如天上彩虹般艳丽，因此霓虹灯的叫法就在我国一直沿用下来。

1910 年法国科学家克洛德制成了世界上第一支商业性霓虹灯，用于巴黎的皇宫大厦作装饰照明，引起了极大的轰动并获得成功。20 世纪 30 年代中期发现了荧光粉，从此进入了用荧光粉管制作霓虹灯的新时期，结束了用透明无色玻管制作霓虹灯的一统局面，开创了霓虹灯发展史上的又一里程碑。

由于透明玻璃管制成的霓虹灯有不少缺陷，一是色彩不够丰富；二是某些色彩的填充气价格昂贵；三是涂敷透明玻管漆的方法会降低霓虹灯的光效；四是去气、充气工艺比较复杂。而采用荧光粉管制成的霓虹灯，克服了上述缺点，并且颜色极为丰富，光效大有提高，适用性更为广泛。

图 3-20：霓虹灯照明效果，色彩丰富，造型变化多样。

随着技术的进步，近年来出现一种更实用和美观的柔性霓虹线，它是国际发光显示照明领域新一代产品，外形与普通电话线相仿，表层为彩色荧光塑料套管，其工作时发光连续无任何热辐射，耗电量只为 LED 灯的 50% ~ 70% ，为串灯的 20% ~ 40% ，为霓虹灯的 1% ~ 10%。

(3) 固体发光光源

LED 是英文 light emitting diode(发光二极管)的缩写，它的基本结构是一块电致发光的半导体材料。

LED 光源的特点：LED 使用低压电源，供电电压在 6 ~ 24V 之间，根据产品不同而异，所以它是一个比使用高压电源更安全的电源，特别适用于公共场所；消耗能量较同光效的白炽灯减少 80%；面积很小，每个单元 LED 小片是 3 ~ 5mm 的正方形，所以可以制备成各种形状的器件，并且适合于易变的环境（如图 3–22、23 所示）；稳定性很好，使用寿命约 10 万小时；响应时间极短，其中白炽灯的响应时间为毫秒级， LED 灯的响应时间为纳秒级；对环境不会造成污染，因为不带有害金属汞；色彩丰富，只需改变电流就可以变色，实现红、橙、黄、绿、蓝多色发光，例如小电流时为红色的 LED，随着电流的增加，可以依次变为橙色、黄色，最后为绿色。

但是，与白炽灯相比，目前 LED 的价格还比较昂贵，几只二极管的价格就可以与一只白炽灯的价格相当，而通常每组信号灯需由 300 ~ 500 只二极管构成。

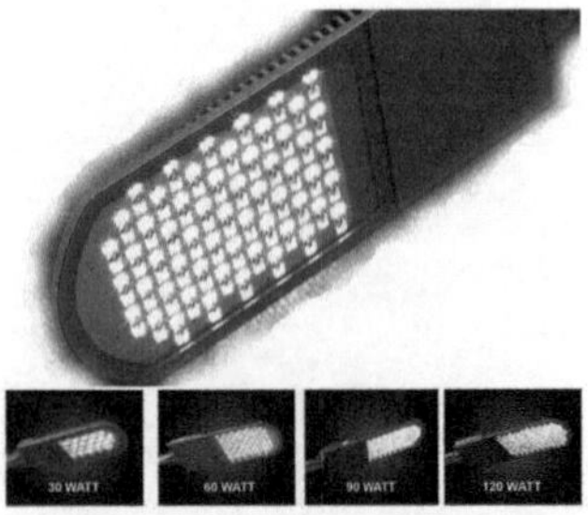

图 3–21：LED 户外照明灯。

图 3–22：LED 防水灯带。

图 3–23：LED 封装灯，色彩丰富。

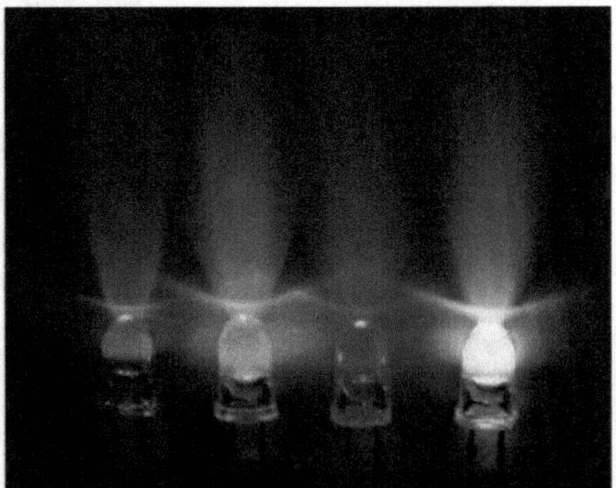

图 3–24：LED 灯珠。

④ 光纤照明系统

光纤照明系统由光源、反光镜、滤色片及光纤组成，如图 3–25。

当光源通过反光镜后，形成一束近似平行光的光束。由于滤色片的作用，使得该光束变成彩色光。当光束进入光纤后，彩色光就随着光纤的路径到达预定的地方。

由于光在传播途中有很大的损耗，所以要使用高亮度光源，常用光源为 150 ~ 250W。而且为了获得近似平行光束，发光点应尽量小，近似于点光源。

反光镜是能否获得近似平行光束的重要因素，所以一般采用非球面反光镜。

滤色片是改变光束颜色的零件。根据需要，调换不同颜色的滤光片就获得了相应的彩色光源。

光纤是光纤照明系统中的主体，光纤的作用是将光传送或发射到预定地方。光纤分为“端发光”和“线发光”两种。前者就是光束传到端点后，通过尾灯进行照明；而后者本身就是发光体，形成一根发光的线。

对光纤材料而论，必须是在可见光范围内，对光能量应损耗最小，以确保照明质量。但实际上不可能没有损耗，所以光纤传送距离约 30m 左右为最佳。

图 3–25

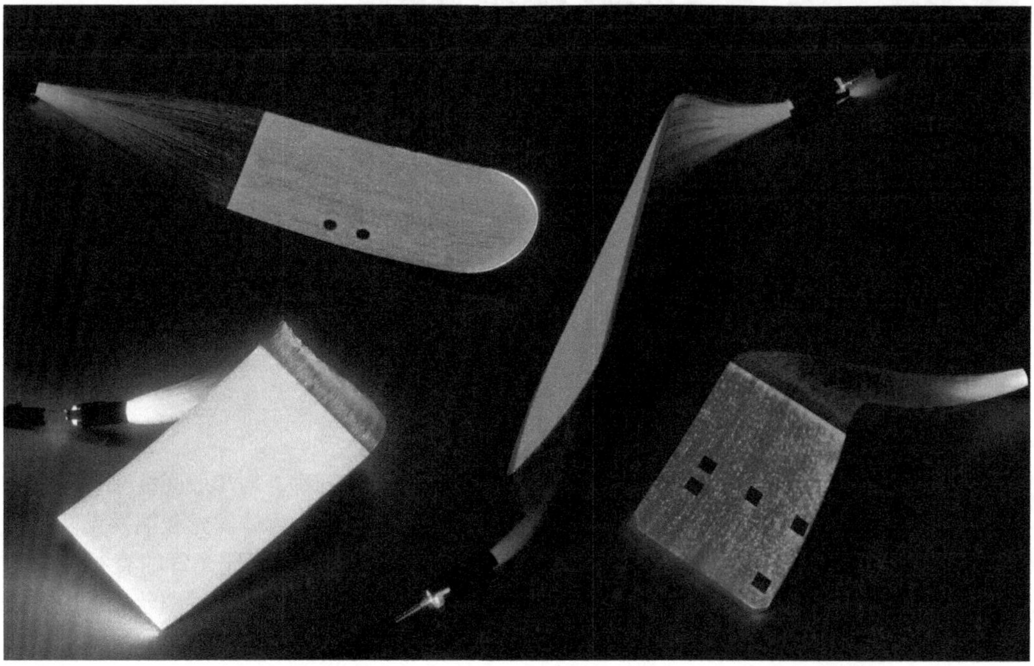

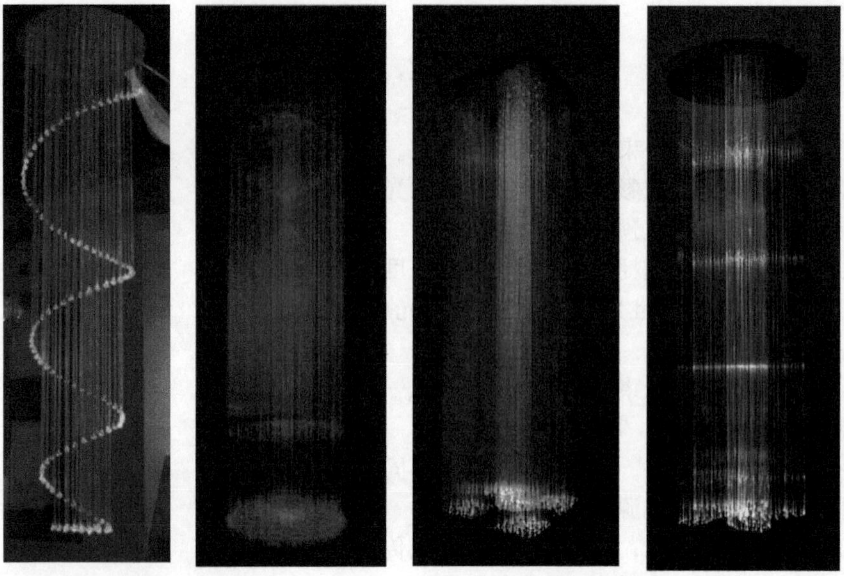

图 3–26、27、28、29：光纤的色彩和造型可塑性很强，效果突出。

图 3–30：仰视不同排列方式的光纤效果。

光纤有单股、多股和网状三种。对单股光纤来说，它的直径为6 ~ 20mm，同时又可分为体发光和端发光两种。而对多股光纤来说，均为端发光。多股光纤的直径一般为0.5 ~ 3mm，而股数常见为几根至上百根。网状光纤由大量“线发光”的光纤组成，形成柔性光带。

3. 光源的色表和显色性

光源的颜色涵盖两层意思：一个是指光源色表的颜色，一个是指光源的显色能力。

人眼直接观察光源时所看到的颜色，称为光源的色表；光源的光照射到物体上所产生的客观效果称之为显色性，衡量光源显现被照物体真实颜色能力的参数用显色指数（Ra）表示，显示指数越高（Ra 在 0 ~ 100 之间）的光源对颜色的再现越接近物体的固有色。

怎样测试一种光源的显色性呢？

可以将各色物体受照后的效果和标准光源（黑体或重组日光）照射时的效果相比较，如果物体在受照后颜色真实，则认为该光源的显色性好（显色指数高）；反之，如果物体在受照后颜色失真，则该光源的显色性就差（显色指数低）。

建议大家参照国际照明委员会提出的显色指数分级标准来划分不同光源的显色级别，如下表所示：

自1879年，爱迪生发明第一盏具有实用价值的电灯后，人们开始研究和创造更具有实用价值和高效率的光源；1959年，第一盏卤素灯问世；3年之后，金属卤化物灯问世；1969年，第一盏LED灯(红色)出现；1978年，紧凑型荧光灯问世；1991年，日本松下公司和荷兰飞利浦公司几乎在同时推出了一款无极荧光灯；2000年后，开始将LED用于室内照明设计中。纵观人们创造各种光源的历史，不难看出人们致力于创造出一种低耗能、高光效、经济实用的光源。

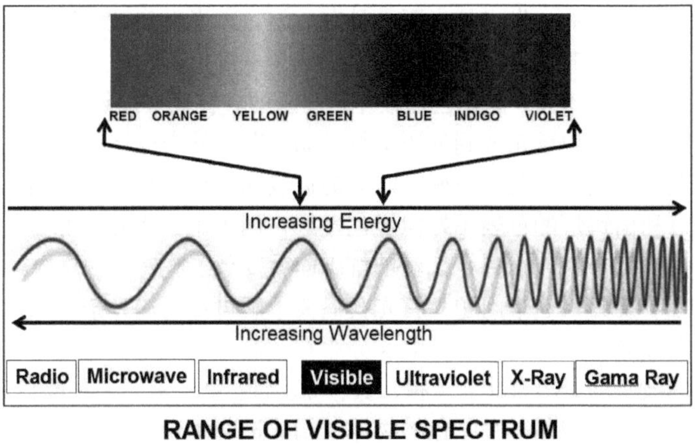

图 3–31：可见光的波长分布在 380 ~ 780 nm 之间。

显色指数级别	光源与物体的显色关系	CRI数值	光源名称
1A	准确的色彩匹配	90~100	钨丝灯、卤钨灯、某些专业的荧光灯和金卤灯
1B	良好的显色性	80~89	三基色荧光灯、紧凑型荧光灯、白色高压钠灯
2	一般的显色性	60~79	普通荧光灯
3	微弱的显色性	40~59	高压汞灯、高压钠灯
4	差的显色性	20~39	低压钠灯

图 3–32

图 3–33：使用卤钨灯，其色表偏黄，显色性较好，容易营造温暖的家居氛围。

图 3–34：使用色表偏暖、显色性好的三色基荧光灯照射，食物看起来更诱人。

• 色表和显色性对人们的生活有哪些意义？

每种光源的色表和显色性都不同，现在街道上的路灯已主要采用高压汞灯、高压钠灯等气体放电光源。如果从远处看高压汞灯，发出的光既亮且白。但是，当看到被它照射的人的面孔时，看起来好像在脸上抹了一层青灰，显然高压汞灯的色表不差，但显色性很差。低压钠灯看上去偏红、偏黄，如果将一块蓝布放到低压钠灯下面，蓝布就变成黑色，这说明低压钠灯显色性不好，氙灯的色表和显色性都很好，钨丝灯和卤钨灯的色表不好但显色性好，属于 1A 级显色性。

蓝布为什么到了低压钠灯下面就变黑了呢？

要弄清这个问题，首先我们要了解可见光的光谱特点，自然光作为可见光，其波长分布在 380 ~ 780 nm 之间，不同波长的光表现出红、橙、黄、绿、青、蓝、紫等多种颜色。当日光照到某一种颜色的物体（指非透明体）上，物体将其他颜色的光吸收，而将这种颜色的光反射出来。例如，蓝布受日光照射后，将蓝光反射出来，而将另外的光吸收，因此，在人眼里看到的就是蓝布。因为日光本身包含了各种色光，低压钠灯则不然，发出的光中基本上没有蓝光，也就不能反射出蓝光来，所以人们看不到蓝色，又由于低压钠灯发出的光主要是黄光，当黄光照到蓝布上时，蓝布将黄光全部吸收，所以看到的蓝布就变成黑色的。

• 什么是“同色异谱”现象？

光源的色表和显色性是由它的光谱能量分布决定的。但是，光谱能量分布截然不同的光源可以产生相同的色表，这就是所谓的“同色异谱”现象。例如，虽然钨丝灯整体上看来光色偏红、偏黄（它的辐射能量分布偏重于长波），但是它的光谱能量分布是完整且连续的，具有较好的显色性。而高压汞灯发出的光，尽管色表和日光接近，但它的光谱能量分布和日光相差很大，它的光谱中多青光和蓝光，缺少红光，显色性较差，所以被它所照的物体看起来发青。

- 如何利用光源不同的显色性？

在室内光环境设计中，显色指数（Ra）为100的光源并不意味着颜色显现效果就是理想的，我们应根据空间的功能和人们的心理需求，来合理地安排不同色表和显色性的光源。例如，在居室空间中，起居空间可以选择色表偏暖、显色性一般的光源，营造温暖的家庭氛围，而餐厅应选择显色性较低的光源，实际上，在显色性较低的光源下，蔬菜、水果等菜肴的样子看起来更吸引人。

4. 光的度量

艺术家对光的特性研究，以画作的方式来显现，例如法国的印象派绘画。而物理学家对光的特性研究，其成果以数学公式来显示，这些数学符号和公式成为设计师对光环境特点进行定量研究的重要依据。

名称	代号	定义	公式	单位 名称	单位 符号
光通量	F	人的眼睛所能感觉的辐射能量，每一波段的辐射能量与该波段相对视见率之乘积的总和	$F = K_m \cdot \int \phi(\lambda) \cdot V(\lambda) \cdot d\lambda$ [lm]	流明	lm
光出射度	M	从一个表面发出的光通量密度	$M = \frac{dF}{dS}$ [lm/m²]	流明/m²	lm/m²
照度	E	射到一个表面的光通量密度	$E = \frac{dF}{dS}$ [lx]	米烛（勒克斯）	lx
发光强度	I	在一定方向的单位立体角内的光通量，等于垂直于眩方向的单元及面的光通量与从光源向眩单元所张立体角（球面度）的比	$I = \frac{dF}{d\omega}$ [cd]	烛光（坎德拉）	cd
亮度	L	从表面上的一个定方向发出的单位立体角单位投影面积的光通量，它等于一个表面在一定方向的发光强度与沿那个方向看过去的投影面积的比值	$L = \frac{dF}{dS \cdot \cos\theta \cdot d\omega}$ [cd/m²]	尼特	nt (cd/m²)

图 3-35：光度量的定义、计算公式和单位。

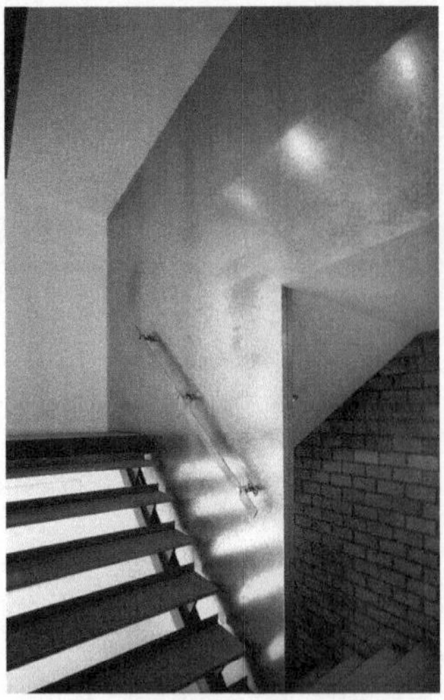

图 3–36：此图属于间接眩光类型，由于墙面的发射比太高而产生的反射眩光现象。

5. 眩光

(1) 眩光的类型

① 直接眩光。高亮度或没有充分遮蔽的光源发出的光线直接对眼睛造成的刺激称直接眩光。眩光源发光物处于视线的同一方向或邻近方向。

② 间接眩光。眩光源处于非观察方向产生的眩光，通常由高度光滑的表面的反射光引起，包括光幕反射和反射眩光两种。

• 光幕反射。在近似漫反射表面上叠加了一个规则反射映象后，减少了被观察对象的亮度对比，从而部分或全部地干扰了观看，降低可见度。例如，从阅读者前方投向书本上的光线反射后降低了白纸黑字间的亮度对比，导致读者无法看清书本上的文字。

• 反射眩光。在视野中出现抛光过大或高度光泽的近似镜面的表面反射光线而产生的眩光，称为反射眩光。通常与观察位置、角度等因素相关，例如，透过玻璃橱窗观看其中

图 3–37：较亮的光源导致直接眩光，光滑的顶棚导致间接光幕眩光。

图 3–38：利用直接眩光营造神秘的展示氛围。

图 3–39：设计师故意利用光滑的墙面和顶面导致光幕眩光，创造出效果独特的展示空间。

的物品时，看到街景的反光。反射眩光有时也是有益的，例如，观看千分尺时，看到的金属光泽会容易看清上面的刻度。

③ 失明眩光。视线离开眩光源后相当一段时间内，看不见其他物体的眩光。如观看电焊眩光后，造成的暂时失明，照明设计中应尽量杜绝失明眩光情况的发生。

④ 不舒适眩光。只引起视觉上的不舒适，并不影响视功能或可见度的眩光。在室内外照明中普遍存在，是照明质量评价中的一个常用的重要指标，这里指的不舒适指心理上的感受，生理上的影响不多，所以称为心理眩光。

⑤ 失能眩光。由于光源给视网膜正常观察对象的表面增加了一层照度，从而降低视网膜上原来图像的亮度，妨碍了正常的视觉功能。由于这种失能眩光是生理上的实际感受，亦称生理眩光，在室内光环境中应尽量避免这种严重的眩光现象。

合理设置光源位置，尽量避免将光源设置在视线能直接触及的区域，以避免产生直射眩光。

(2) 眩光的防止

眩光的大小与眩光源大小、亮度、视线的相对位置和环境亮度等有关。

图 3-41：直接眩光现象。

图 3-40：光幕反射眩光。

图 3-42：光幕眩光。

图 3-43：不舒适眩光。

① 灯具上使用遮光元件，避免直接看到光源，如图 3−44 所示，装上外附式遮光器的投光灯，可以根据现场需要调整遮光效果。

② 合理设置光源的位置，避免光源位于视线 45° 角区域内，如图 3−45、46 所示。对于与垂直线成 45° 角或大于 45° 角方向可以看见光源的灯具，应加装遮光元件，防止眩光。

③ 采用半直接照明、半间接照明、漫反射照明方式，减少产生眩光的可能性。

④ 避免周围环境（顶棚、墙面和地面）的亮度与光源的亮度形成强烈对比，调整之间的照度比值。

⑤ 减少使用反射度高的材质，如玻璃、金属等。不过对于有特殊要求的空间，可以利用反射度高的材料营造出特别效果，例如水晶灯制造绚丽的空间氛围，利用大量的玻璃形成的眩光，打造出神秘的舞池风格，带给使用者别具一格的体验。

图 3−44：装上外附式遮光器的投光灯。

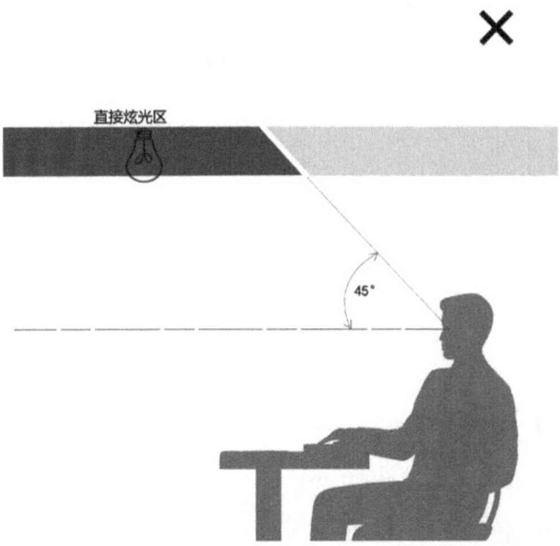

图 3−45

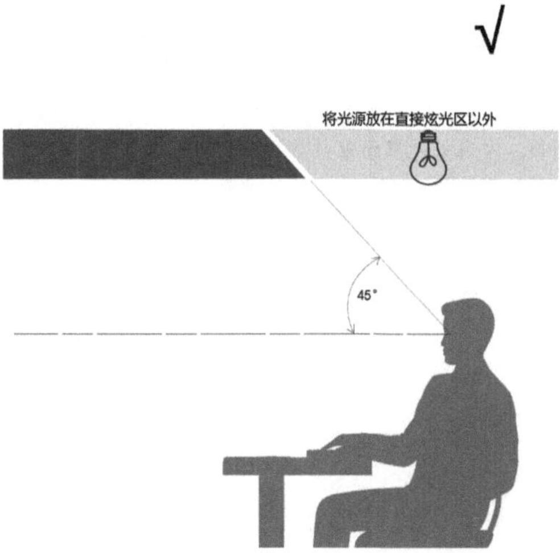

图 3−46

图 3–47：在宗教建筑中，建筑师利用从高窗射入黑暗室内所产生的直射眩光，烘托出与神对话的神秘氛围。而今，经过改造的空间，则利用容易产生直射眩光的水晶吊灯来弥补教堂内光线的不足。

本章重点与习题：

1．什么是LED？它有哪些特点？
2．研究光源的色表和显色性对人的生活有何意义？
3．眩光的类型有哪几种？怎样防止眩光？

第四章 照明方式

1. 光的传播

光的总体传播规律：当光线到达实体表面时，其中一部分光被反射，剩下的一部分被物体吸收，吸收光通常被转化成热量；当光到达可透光的物体表面时，其中一部分被反射，一部分被物体吸收，还有一部分透射过去。

光环境的设计应遵循光线传播的规律。

2. 光的作用方式

尽管自然光设计与人工光设计的设计特点和设计方法有所不同，但是同样遵循光与空间、光与物体之间存在的客观规律。

(1) 反射现象

光的反射现象可分为镜面反射和漫反射。

镜面反射：是指当光到达物体表面时，光线的入射角与反射角相同，从而产生镜面反射，镜面反射容易制造出特别耀眼的光效，如果控制不好，常常产生反射眩光（具体内容请参考第三章第五节——眩光），反而给人们带来不愉快的视觉体验。

漫反射：是指当光到达物体表面时，光线的入射角与反射角不同，其反射的光线没有方向性，效果非常柔和。漫反射效果的强弱，主要由物体表面颗粒的粗糙程度决定，例如，质感粗糙的麻布和质感光滑的丝绸，产生的漫反射效果明显不同。

图 4-1：镜面反射产生的光斑。

图 4-2：漫反射产生的光晕。

(2) 折射现象

当光从折射率为n1的介质进入到不同密度的介质时（例如从空气射入玻璃或穿过玻璃到空气），光线的折射角度被改变，其偏离的程度与两种介质的折射率有关。例如水晶灯的设计，就是利用光的折射现象，多个不同切面的水晶体就像多个光学实验中三棱镜，将光线分解成七色光，形成绚丽耀眼的光效。

人们所看到的一切影像均来自物体对光的反射，没有光的反射，人们什么也看不见。光在空间中的分布情况。

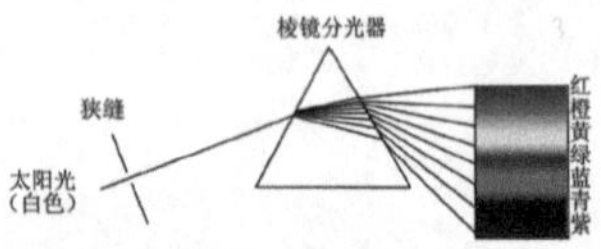

图 4–3

图 4–4：灯罩的透光率影响光线的透射效率。

(3) 透射现象

光的透射：是指光线穿过某类介质后继续辐射的现象。当光线的一部分被介质吸收后，光线的亮度有所衰减。介质的透光率决定光线透射的数量。例如，透明玻璃和磨砂玻璃这两种介质，光线透射这两种玻璃后的效果截然不同，如图4–5中，灯具的透明玻璃罩并不阻碍人的视线，可以直接看到光源，在图4–6中，磨砂玻璃的透射率降低，从里透出的光不是点状，而是形成了一片柔和的光幕。

根据介质的构成和透光率的大小，透射出的光线可分为直线透射和漫透射。

直线透射：是指光线经介质透射后，所有光线方向没有发生变化。

漫透射：是指光线经介质透射后，光线从各个不同方向散去。

(4) 吸收现象

当光经过介质时，一部分被反射，一部分透射，另一部

图 4–5

图 4–6

图 4—7

分被介质吸收。通常颜色深的表面比颜色浅的表面吸收更多的光。如图 4-7 中，处于同样光源下，沙发上的深色靠垫比浅色靠垫看起来更暗。

3. 人工照明方式分类

根据不同的需求，设计师对人工照明方式进行如下分类：

(1) 根据照明区域划分

照明方式的名称	照明目的
一般照明（general lighting）	为照亮整个场所而设备的均匀照明。
局部照明（local lighting）	特定视觉工作用的、为照亮某个局部而设置的照明。
分区一般照明（localised lighting）	对满足某一特定行为的需求，设计成不同的照度来照亮该一区的一般照明。
混合照明（mixed lighting）	为同时满足不同视觉认知行为的需求，由一般照明与局部照明组成的照明。
重点照明（spot lighting）	为提高限定区域或目标的照度，使其比周围区域亮，而设计成有最小光束角的照明。
常设辅助人工照明（permanent supplementary artificial lighting）	当天然光不足和不适宜时，为补充室内天然光而日常固定使用的人工照明。

图 4—8

(2) 根据不同照明时间段划分

照明方式的名称	照明目的
正常照明（normal lighting）	在正常情况下使用的室内外照明。
应急照明（emergency lighting）	因正常照明的电源失效而启用的照明。
安全照明（safety lighting）	作为应急照明的一部分，用于确保处于潜在危险之中的人员安全的照明。
疏散照明（escape lighting）	作为应急照明的一部分，用于确保疏散通道被有效地辨认和使用的照明。
备用照明（stand-by lighting）	作为应急照明的一部分，用于确保正常活动继续进行的照明。
值班照明（on-duty lighting）	非工作时间，为值班所设置的照明。
警卫照明（security lighting）	在夜间为改善对人员、财产、建筑物、材料和设备的保卫，用于警戒而安装的照明。
检修照明（inspection lighting）	为各种检修工作而设置的照明。

图 4–9

(3) 根据光的分布形式划分

照明方式的名称	光的分布特点
直接照明（direct lighting）	光通量的90%~100%部分，直接投射到假定工作面上的照明。
半直接照明（semi-direct lighting）	光通量的60%~90%部分，直接投射到假定工作面上的照明。
一般漫反射照明（general diffused lighting）	光通量的40%~60%部分，直接射射到假定工作面上的照明。
半间接照明（semi-indirect lighting）	光通量的10%~40%部分，直接投射到假定工作面上的照明。
间接照明（indirect lighting）	光通量的10%以下部分，直接投射到假定工作面上的照明。

图 4–10

图 4–11：定向照明和直接照明方式结合。

图 4–12：漫射照明方式。

图 4–13：间接照明与直接照明方式结合。

(4) 根据光与空间的关系划分

照明方式的名称	照明目的
漫射照明（diffused lighting）	光无显著特定方向投射到工作面和目标上的照明。
泛光照明（flood lighting）	通常由投光来照射某一情景或目标，且其照度比其周围照度明显高的照明。
定向照明（directional lighting）	光主要是从某一特定方向投射到工作面和目标上的照明。

图 4—14

4. 光的分布形式

(1) 直接照明

光线通过灯具射出，其中 90% ~ 100% 的光通量到达假定的工作面上，这种照明方式为直接照明。这种照明方式具有强烈的明暗对比，并能造成有趣生动的光影效果，可突出工作面在整个环境中的主导地位，但是由于亮度较高，应防止眩光的产生，尤其是在工厂、办公室、展厅等空间中，应尽量避免因直接照明引起的直射眩光。

(2) 半直接照明

半直接照明方式是半透明材料制成的灯罩罩住光源上部，60% ~ 90% 以上的光线集中射向工作面，10% ~ 40% 被罩光线又经半透明灯罩扩散而向上漫射，其光线比较柔和。这种灯具常用于较低的房间的一般照明。由于漫射光线能照亮平顶，使房间顶部高度增加，因而能产生较高的空间感。

图 4—15：利用射灯形成直接向下的光。

图 4—16：顶棚上，利用向上的射灯形成间接的光分布。

图 4—17：展柜中，利用射灯形成向下的光分布。

图 4—18：利用漫反射灯罩形成间接照明，光分布均匀。

(3) 间接照明

间接照明方式是将光源遮蔽而产生间接光的照明方式，其中 90% ～ 100% 的光通量通过天棚或墙面反射作用于工作面，10% 以下的光线则直接照射工作面。通常有两种处理方法，一是将不透明的灯罩装在灯泡的下部，光线射向平顶或其他物体上反射成间接光线；一种是把灯泡设在灯槽内，光线从平顶反射到室内成间接光线。这种照明方式单独使用时，需要注意不透明灯罩下部的浓重阴影，通常和其他照明方式配合使用，才能取得特殊的艺术效果。商场、服饰店、会议室等场所，一般作为环境照明使用，或用来提高周围环境的亮度。

图 4-19：采用间接照明方式设计的灯具。

(4) 半间接照明

半间接照明方式，恰恰与半直接照明相反，把半透明的灯罩装在光源下部，60% 以上的光线射向平顶，形成间接光源，10% ～ 40% 部分光线经灯罩向下扩散。这种方式能产

图 4-20：采用间接照明方式设计的灯具。

图 4-21：间接照明和直接照明结合。

图 4-22：展台顶部采用间接照明方式，展台中部和入口采用半间接照明方式。

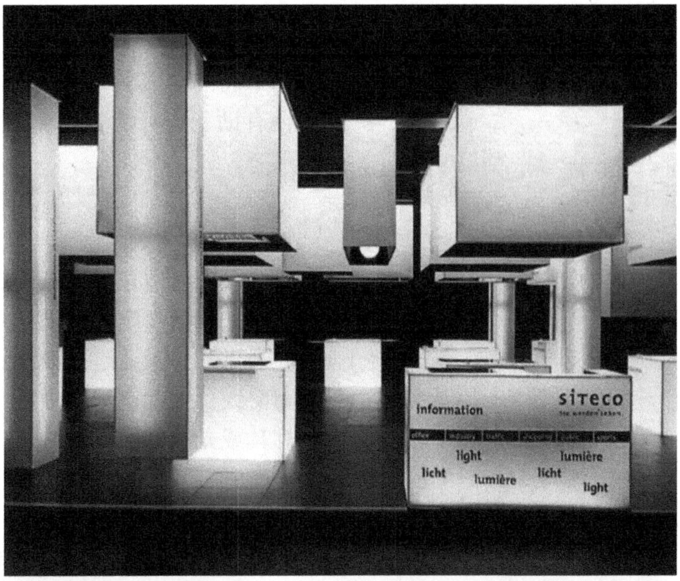

图 4–23：此展区以间接照明方式为主，只在展柜正上方采取直接照明方式。

图 4–24：此餐厅桌面采取直接照明，桌边墙面采取漫射照明，顶棚采取间接照明。

生比较特殊的照明效果，使较低矮的房间有增高的感觉。也适用于住宅中的小空间部分，如门厅、过道、服饰店等，通常在学习的环境中采用这种照明方式最为相宜。

(5) 漫射照明

漫射照明方式，是利用光线的折射特点，将光线向四周扩散漫散。这种照明大体上有两种形式，一种是光线从灯罩上口射出经平顶反射，两侧从半透明灯罩扩散，下部从格栅扩散。另一种是用半透明灯罩把光线全部封闭而产生漫射。这类照明光线性能柔和，视觉舒适。

图 4–25：此展区顶部采取漫射照明，展台上方采取直接照明。

5. 配光曲线

不同的灯具具有不同的配光曲线，了解配光曲线的特点，有助于设计者选择合适的灯具，控制空间中光线的分布形态。

配光曲线其实就是表示一个灯具或光源发射出的光在空间中的分布情况。

(1) 配光曲线的定义

灯具或光源在各个方向的发光强度在三维空间里用矢量表示出来，把矢量的终端连接起来，则构成一个封闭的光强体。当光强体被通过 z 轴线的平面截割时，在平面上获得的封闭交线。把此交线以极坐标的形式绘制在平面图上，就是该灯具或光源的配光曲线。

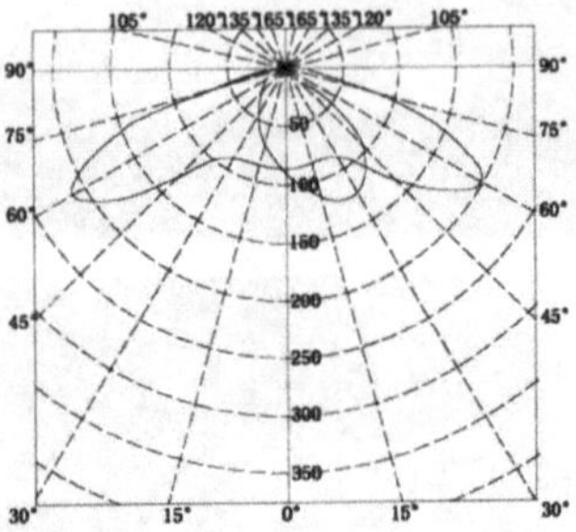
图 4-26. 一种高压钠灯的配光曲线，属于非对称宽配光类型。

(2) 配光曲线的分类

按照其对称性质分类：轴向对称、对称和非对称配光。

轴向对称：又被称为旋转对称，指各个方向上的配光曲线都是基本对称的，如图 4-28 所示。一般的筒灯、矿灯都是这样的配光。

对称配光：当灯具 C0° 和 C180° 剖面配光对称，同时 C90° 和 C270° 剖面配光对称时，这样的配光曲线称为对称配光。

非对称配光：就是指 C0° ～ 180° 和 C90° ～ 270° 任意一个剖面配光不对称的情况，如图 4-29 所示。

按照其光束角度分类：窄配光、中配光和宽配光：

窄配光 （< 20° ），中配光 （20° ～ 40° ），宽配光 （> 40° ）。

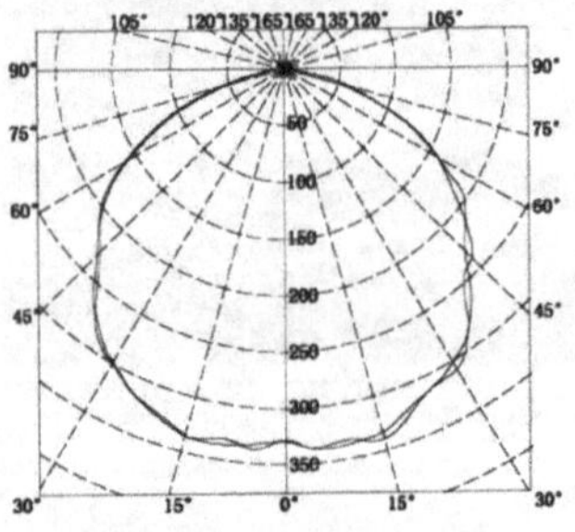
图 4-27：一种 LED 灯的配光曲线，属于对称宽配光类型。

6. 配光

(1) 与配光相关的概念

配光：是指光源在空间各个方向的光强分布。

光中心：把某个有一定尺寸的光源当做点光源时，其中心位置称为光中心，如图 4-27 所示。

灯轴：通过光中心的垂直线。

垂直角：灯轴的向下方向与所考察方向之间形成的夹角。

水平角：基准垂直面与所考察方向的垂直面之间形成的夹角。

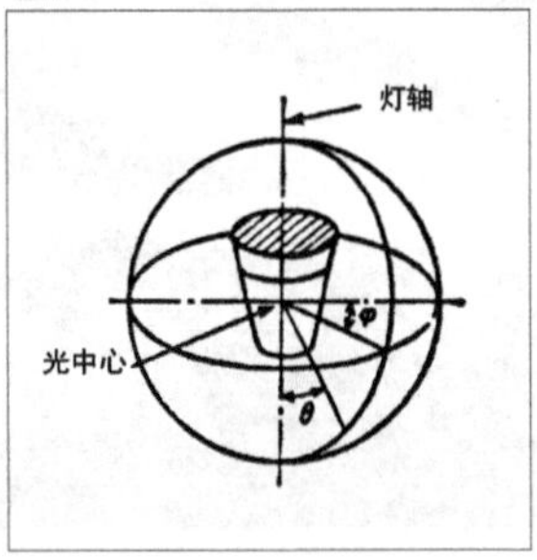

图 4-28：配光概念示意图。

(2) 配光模式分类

以灯具的光源为中心，以上半部分和下半部分的光束比作为配光模式分类的依据，如图 4-29 所示。

	配光曲线图例	光束比	照明效果
直接照明	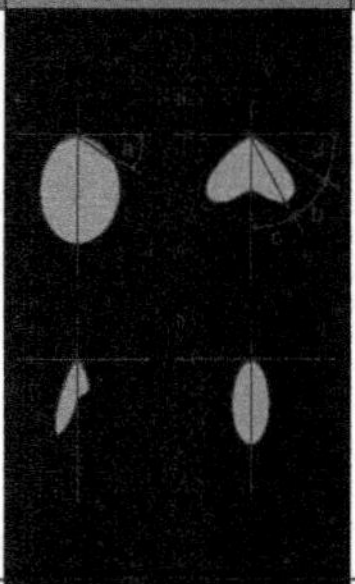	0%~10% / 100%~90%	1．水平照度容易得到 2．顶棚表面显得发暗 3．用白炽灯和HID灯容易产生严重的阴影 4．因为A在直射炫光区a上有光，所以灯具显得发亮 5．B没有直射眩光，因为光在C区也受到了抑制，所以光幕反射眩光也可以减少 6．C是非对称配光，通过连续配光得到洗墙照明效果 7．虽然D的正下面照度变高了，但光幕反射眩光也容易产生
半直接照明	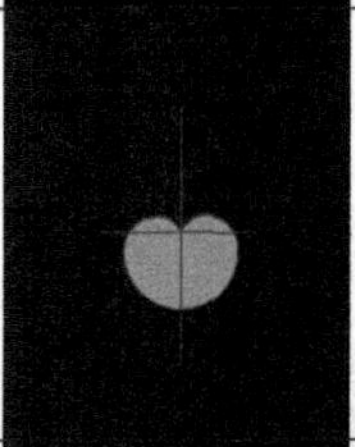	10%~40% / 90%~60%	1．为了使顶棚和墙面稍微变亮一些，所以与直接式相比，产生的阴影就要稍微柔和一些 2．要注意灯具的亮度不要太大
间接照明	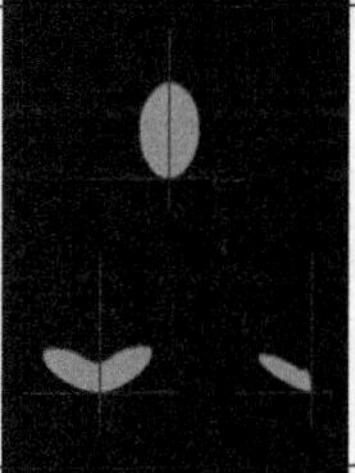	90%~100% / 10%~0%	1．根据顶棚及墙面的反光率，照明效率将会有明显差别 2．物体的立体表现差 3．虽然顶棚变亮了，但另一方面灯具容易形成黑色轮廓影像 4．I容易在顶棚表面产生投光点 5．J、K是连续配灯，可以更加均匀地照亮顶棚表面。因此，低顶棚的宽大房间，会使人感到顶棚高度显得高
半间接照明	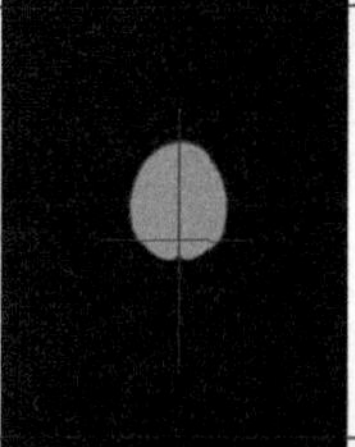	60%~90% / 40%~10%	因为顶棚面和照明灯具都明亮，很难使空间有黑暗形象
漫射照明	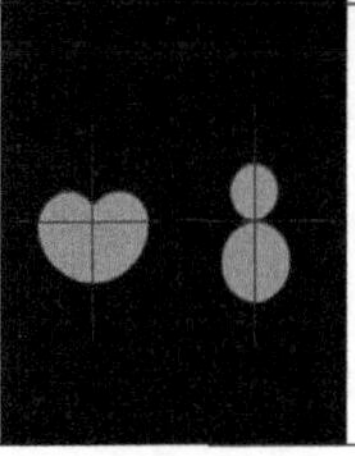	40%~60% / 60%~40%	1．可以用乳白色球形灯罩或像灯笼那样的灯具 2．要注意灯具的亮度不要太大 3．不易产生眩光，对眼睛有好处

图 4—29

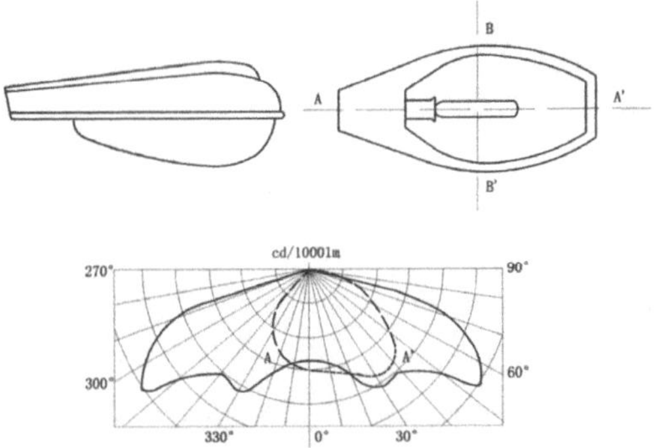

图 4—30：此吊灯为对称配光。

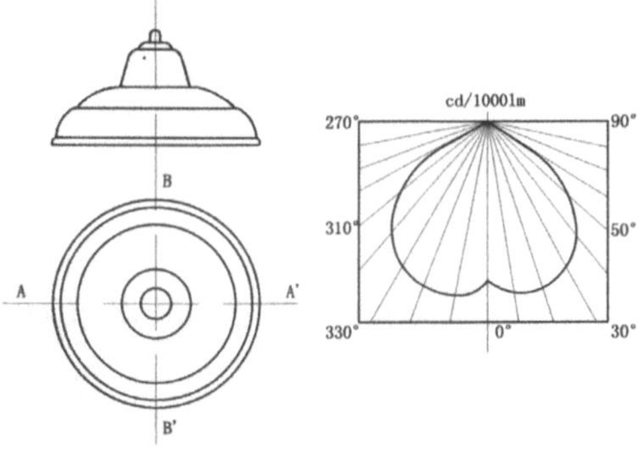

图 4—31：此路灯为非对称配光。

图 4—32：该展区主要采取直接向下的照明方式，塑造展品的立体感和特殊质感。

本章重点与习题：

1. 光的作用方式有哪几种？其特征如何？
2. 描述五种光的分布形式的特点，并举例说明。
3. 轴向对称配光曲线与对称配光曲线的区别在哪？

第五章 灯具

1. 灯具与光线控制

在前面的章节我们了解到光线传播的特征，认识到控制光线在空间中的分布是科学用光的基础，但是如果没有灯具，对光线的控制就无法实施，所以设计师应重视灯具的选择和设计，并且要了解灯具控制光线的原理和方式。具体内容如下：

(1) 通过灯具上的反射器控制光线

光源发出的光经反射器反射后投射到目标方向，反射器是利用反射原理重新分配光通量的配件，早期使用玻璃作为反射材料，以提高发光效能，现采用镀铝或镀铬的塑料。反射器的形式多种多样，包括球面反射器、抛物面反射器等类型。

(2) 通过在灯具前增加透镜来控制光线

利用光的折射原理重新分配光源的光通量。在现代灯具中常用的透镜有平凸镜、平凹镜和菲涅尔透镜，如图 5−1、2、3 所示。

平凸镜主要对光线起折射作用，主要是把焦点发出的光线折射成平行光。

平凹镜主要对光线起反射作用和聚光作用。

菲涅尔透镜是由聚烯烃材料注压而成的薄片，光线的相对灵敏度和接收角度是设定同心圆的距离的依据，如图 5−3，从菲涅尔透镜的剖面图可以看到一些等距的齿纹，这些齿纹可以控制反射或折射的方向，从而形成符合要求的光线。

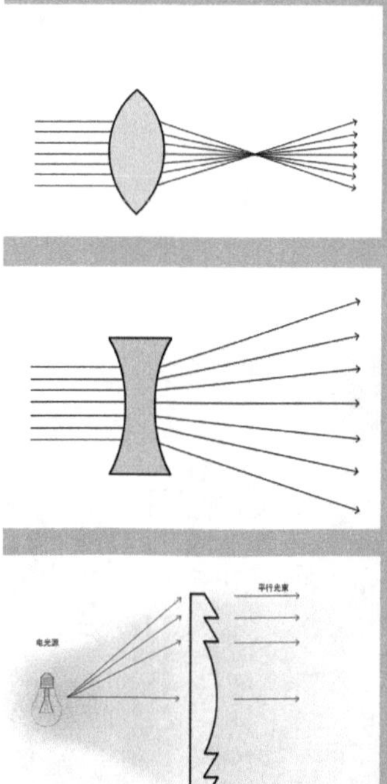

图 5−1、2、3：平凸镜、平凹镜和菲涅尔透镜的原理示意图。

(3) 通过在灯具上增加遮光器来控制光线

遮光器分为嵌入式与外接式两种，嵌入式遮光器与灯具为一体，基本构造类似于栅栏格，格子越密，保护角越大，有效光线的损失也越大，外接式遮光器如图 5-4 所示。

(4) 通过在灯具安装滤镜来控制光线

滤镜分三种，第一种是变色滤镜，可以控制光的颜色，使用镀膜彩色玻璃或耐高温塑料制成；第二种是保护滤镜，可以减少光线中的红外线与紫外线辐射带来的伤害；第三种是投影滤镜，其实是安装在灯具上的一种雕刻镂空图案的金属薄片，由于部分光线被遮挡，发出的光线就形成预先设计出的图案。

在同一个灯具上，可根据照明效果的需要安装不同功能的滤镜，设计出预期的光效。

图 5-4、5、6：带外附式遮光器的聚光灯、带滤镜的聚光灯、轨道式射灯。

2. 灯具的类型

(1) 根据灯具外型

下垂吊灯、枝形吊灯、嵌入式灯具、托架式灯具、台灯、射灯、落地灯、柱式灯、艺术造型灯，其他等等。

(2) 根据灯具发出的光线在空间中的分布情况

聚光灯：灯具中的光源发出的光通量汇集为一束，有明确的光束角的灯被称为聚光灯，如图 5-4、5、6。

泛光灯：灯具中的光源发出的光通量向着各个方向发散，照亮整个环境的灯被称为泛光灯，如图 5-7、8、9。

图 5-7：下垂吊灯属于泛光灯类型。

图 5-8：下垂吊灯属于泛光灯类型。

图 5-9：台灯属于泛光灯类型。

图 5-10：射灯直接照射在墙壁上，光束角较小，光斑形状明显。

图 5-12：高光效、高色温的筒灯适合高大的空间。

图 5-11：利用光的折射原理设计水晶吊灯，制造出华丽的光影效果。

图 5-13：同类型灯具以不同形式组合，兼具环境和装饰照明功能。

3. 灯具选择的依据

在整个照明设计系统中，灯具作为传播光的载体，其外形、色彩、材料、照明方式等特点对室内空间产生重要影响。选择合适的灯具会有效改善空间的亮度、提升空间的设计品质，甚至影响使用者的情绪。面对一个未添加灯具的空间，设计师可以根据以下几点原则来选择灯具：

① 根据空间的特点和使用者需求确定合适的光源，综合考虑光源的显色性、色温、发光效率、使用寿命等特点。

② 根据建筑空间的设计特点，选择风格统一的灯具，避免因灯具造型太突兀而破坏整个空间的设计效果。灯具不仅满足其照亮空间的功能，而且要满足人们的精神需求。

图 5-14：教堂经改造后，增添了水晶吊灯，仿佛给潮湿的空气注入了温暖的阳光。

③ 根据空间的功能性特征，控制好光线在空间中的分布。如果需要光线分布均匀的空间时，我们最好选择泛光灯；要集中照亮某个物体时，则选择聚光灯。

④ 根据建筑的特征和空间的尺度，确定灯具的安装方式以及位置，如果灯具要固定在某个地方时，要考虑电线的长度、固定的牢固度、电源开关的位置以及维护的方便程度等。

⑤ 根据业主的预算，选择价格合适的灯具，市场上，同种功能同种造型的灯具价格不同，设计者应结合业主的经济实力，尽可能在价格、照明效果、造型等因素之间找到一个平衡点。

4. 灯具的结构

通常，大部分灯具由以下几个部分组成。

① 光源，指各种灯泡和灯管。

② 控制光线分布的光学元件，如各种反射器、透镜、遮光器和滤镜等。

③ 固定和支撑灯具的机械部件，如轨道、金属支架等。

④ 提供灯具电流的电器部件，如电线、灯座、镇流器等。

5. 灯具设计

关于灯具设计，一种是为特定的建筑空间所进行的艺术型设计，另一种是为大批量生产所进行的通用型设计。无论是哪一种类型的灯具，都需要不断的创新，以满足使用者在物质层面或精神层面的特定需求。

(1) 艺术型灯具设计

对于艺术型灯具设计，侧重于从灯具的造型、使用方式、材料、光效等方面进行创新。通常，艺术型的灯具设计更关注灯具对人的心理所产生的影响，如曼妙的光影给人以浪漫的感受；新奇的造型给人以轻松愉悦感；特殊的材料给人以别样的联想；等等。此外，对艺术型灯具设计不能以实用性作为唯一的评判标准，因为艺术型灯具设计是以满足人们的审美需求为设计出发点，甚至带有强烈的个人艺术风格。

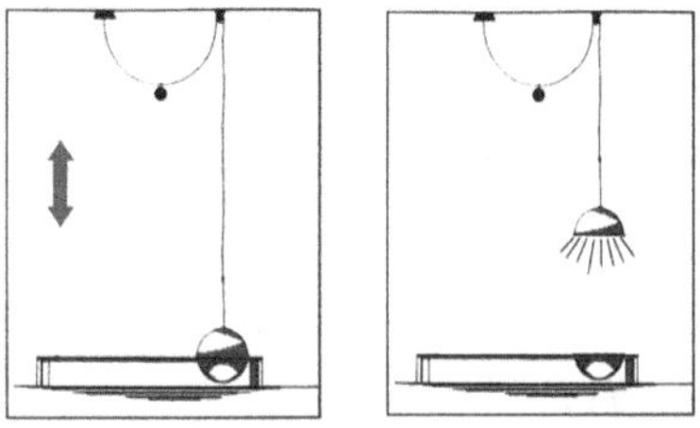

图 5-15、16、17、18：此灯具设计将空间与家具结合起来考虑，可以满足不同时空的需求，半透明的灯罩为整个空间带来柔和的光线。

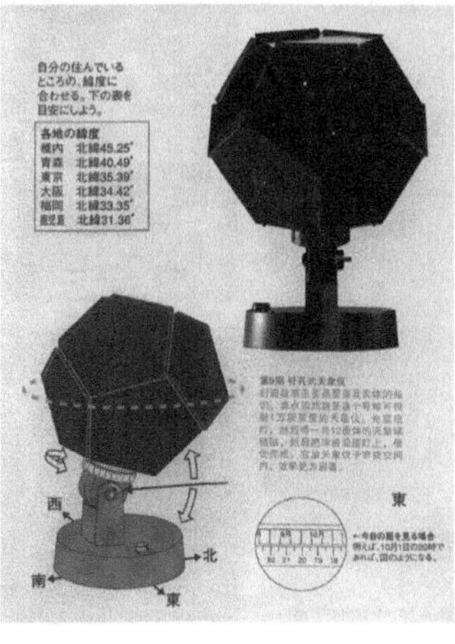

图 5-19、20：艺术灯具设计。

如图 5-22、23 所示，该艺术灯具的设计让人内心泛起一种童趣，在一个正常的台灯旁，放上这样一个看似普通的儿童台灯，等到夜间熄灯后，从这个小台灯发出的光线恰到好处，温和不刺眼，为小朋友提供睡眠照明，特别适合害怕独自在小房间睡觉的小朋友。

如图 5-24，显现出设计者对常见事物细致入微的洞察力。普通的多边形石膏，设计者只是改变了其材质，就变成了一个令人爱不释手的艺术品，光斑随摆放角度的变换而变化，每次看到的光影都是独一无二的。

又如图 5-25，设计者改变了人们身边最熟悉的事物的功能，谁又能否认“有时一本书就好比黑夜里的一盏明灯，照亮我们前进的方向呢”，文学作品中的比喻通过眼前这盏书灯变成了现实，让人熟悉又感动。

谁说艺术灯具的设计就一定要创造出前所未见的灯具，才算得上是艺术品。美好的回忆常常成为创造的养分，如图 5-26，这盏轻巧的小灯，将古老的造型和现代的材质，连接着过去和未来。

灯具的烛光造型让人倍感亲切，而 pvc 材质和灯罩的剪影时尚又新潮，当这几种不同时空产生的设计元素融合在一起时，恰到好处地制造出温暖又个性的家居氛围，如图 5-27。

图 5-21：黑夜里，此灯仿佛是飘浮在空中的精灵，闪闪发光。

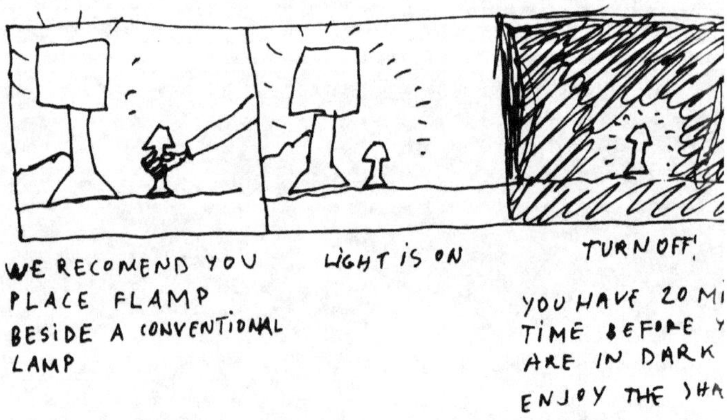

图 5-22、23：爱心满满的儿童台灯。

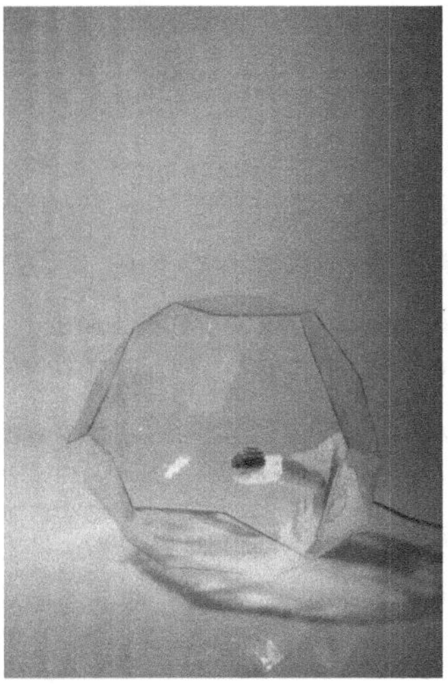

图 5–24：该灯具可以任意角度摆放，随意的切面折射出不同亮度的光芒。

图 5–25：白天，看似一本等待翻阅的书，晚上，却从书页之间散射出的微光令主人陷入沉思。

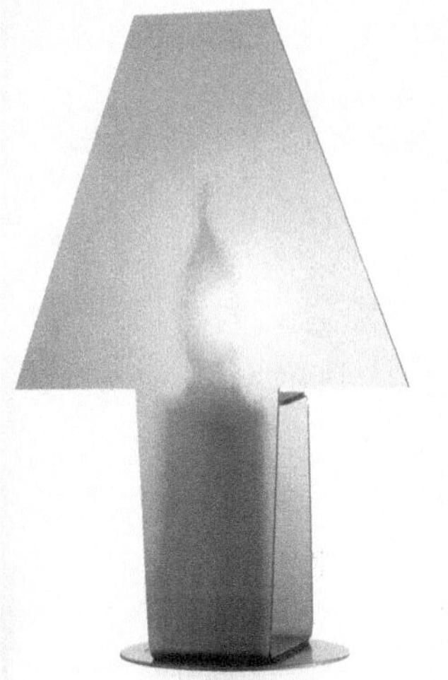

图 5–26、27：烛灯与台灯的结合，古老与现代的碰撞，瞬时点亮家里的艺术气息。

(2) 通用型灯具设计

通用型灯具设计的基本要求是安全、实用、利于大批量生产，这些要求同样成为设计创新的出发点。

在设计通用型灯具时，首先要对灯具的光源、灯具的结构、制作工艺和维修等方面的特征进行考察，接下来，要从提高灯具的光效、延长使用寿命、减少光衰、降低热辐射、易于安装、减少维护成本等角度寻找通用型灯具的设计创新点。最好在灯具设计草图完成以后，在实验室里试制出一盏灯具，并使用专门的仪器对灯具性能进行测试。

本文从以下五点，分析如何设计一种通用型灯具：

灯具名称：飞利浦 145 系列高效节能筒灯。

① 材质

此款灯具采用高品质铝合金支撑，高压铸铝，散热佳，重量轻，反射器专业设计，采用高纯阳极氧化，同时配备安全强化玻璃。

产品规格描述

	基本规格		光源（数量／瓦数）	镇流器	安装方式	开孔尺寸
Mastercolour	MBS	145	1xCDM-T/35W 1xCDM-T/70W 1xCDM-T/150W 1xCDM-TD/70W 1xCDM-TD/150W 1xMHN-TD/70W 1xMHN-TD/150W	IC	嵌入式	185
白色钠灯	SBS		1xSDW-T/50W 1xSDW-T/100W			
PAR型 卤钨光源	QBS		1xPAR38/120W	220V/50Hz		
PLC型 节能灯/2P	FBS		1xPLC/10W 1xPLC/13W 1xPLC/18W 1xPLC/26W	I		
	FBH		2xPLC/10W 2xPLC/13W 2xPLC/18W 2xPLC/26W	IC		
PLC型 节能灯/4P	FBS		1xPLC/10W 1xPLC/13W 1xPLC/18W 1xPLC/26W	HFE		
	FBH		2xPLC/10W 2xPLC/13W 2xPLC/18W 2xPLC/26W	HFR		
Mastercolour	MCS		1xCDM-T/35W 1xCDM-T/70W 1xCDM-T/150W 1xCDM-TD/70W 1xCDM-TD/150W 1xMHN-TD/70W 1xMHN-TD/150W	IC	吸顶式	

(单位: mm

图 5—28：飞利浦 145 系列高效节能筒灯产品规格描述。

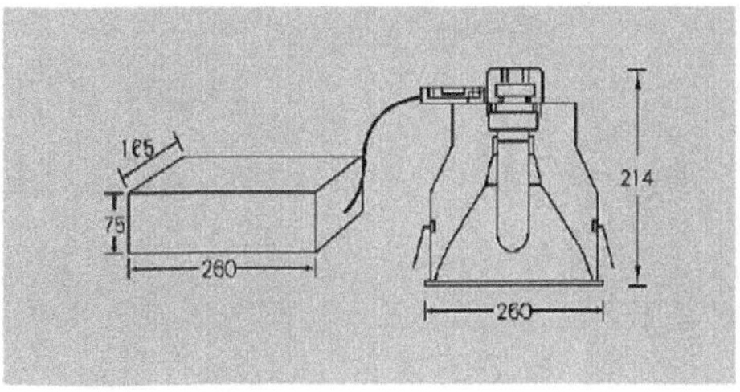

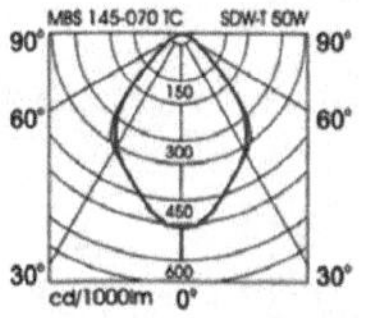

图 5-29、30、31：型号 MBS145-070 TC 的筒灯效果图、尺寸图和配光曲线图。

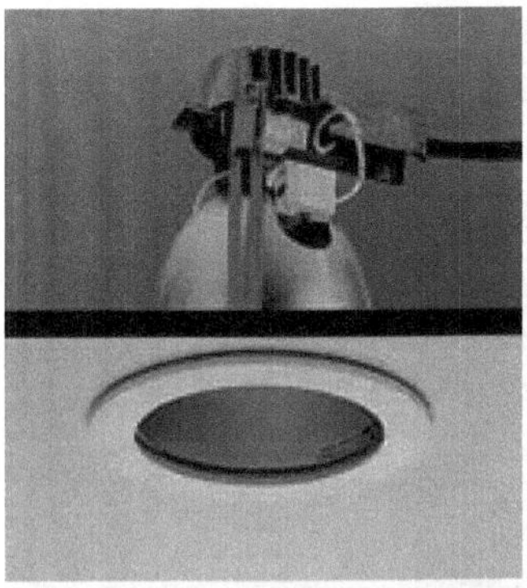

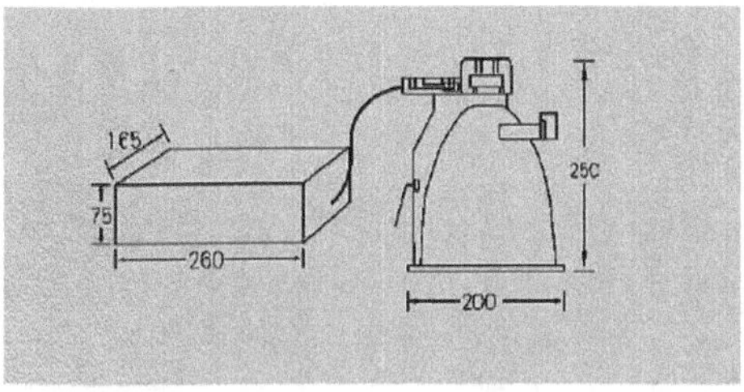

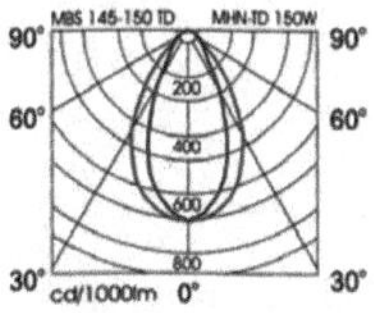

图 5-32、33、34：型号 MBS145-150 TD 的筒灯效果图、尺寸图和配光曲线图。

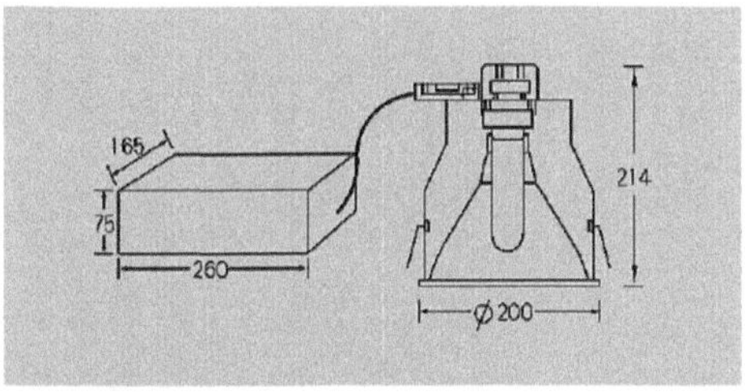

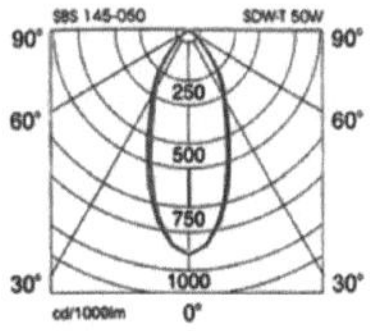

图 5-35、36、37：型号 SBS145-100 的筒灯效果图、尺寸图和配光曲线图。

② 特性

模组化设计，产品系列化。配备高品质反射器，配光均匀，可满足各种不同的需求，符合 IEC598 国际安全标准。

③ 主要技术性能

镇流器采用高品质电感镇流器，输入电压为 220V，频率为 50Hz。光源采用飞利浦标准系列产品。

④ 安装方式

安装方式分为两种，一种是嵌入式，另一种是吸顶式。

⑤ 适用场所

适用于商业大楼、门厅、专卖店、展示中心、百货商场等空间。

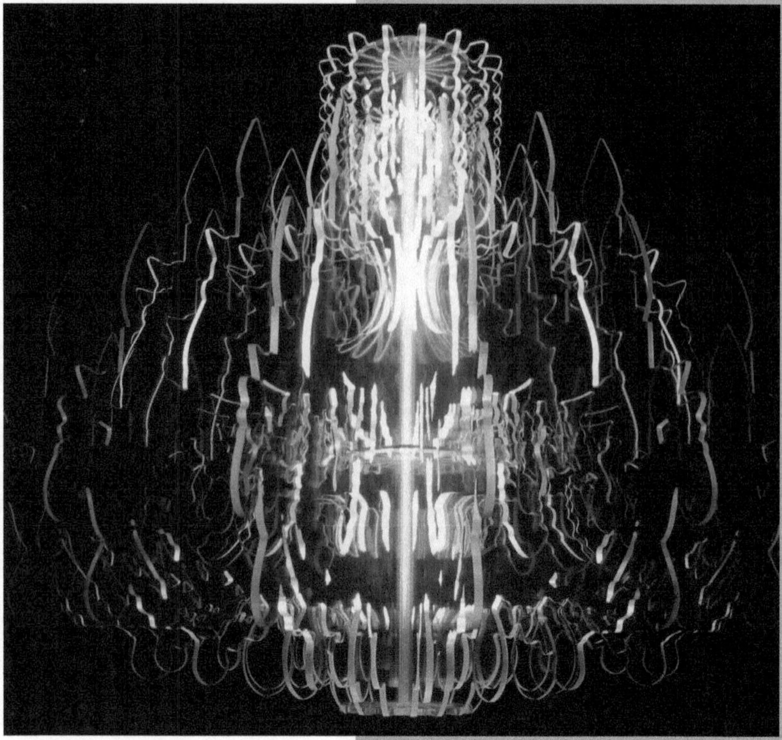

图 5–38：艺术灯具设计，材质：PMMA，光源：荧光灯，2006。

本章重点与习题：

1．举例说明，有哪几种方法可以控制灯具的光线？
2．我们在选择灯具时，应从哪些方面考虑？
3．设计一个艺术灯具，并绘制三视图和效果图。

第六章 对光环境中色彩的认识

1. 对色彩的基本认识

(1) 色彩与视觉

1671 年，物理学家牛顿告诉我们“光线是没有颜色的”。物理学中用波长而不是颜色来描述光线，颜色只是人的感觉系统对波长的解释。

研究发现，人的视觉神经系统和颜色知觉之间存在一定的对应关系。对此问题，科学家们普遍认为：人的视觉系统中存在着三种锥体细胞，每一种锥体细胞对一定范围的波长具有敏感性，一些细胞（蓝细胞）对波长为 435 纳米的光波反应最激烈，一些细胞（绿细胞）对波长 535 纳米的光波反应最强，一些细胞（红细胞）对波长 570 纳米的光波反应最敏锐。如果视觉系统中缺少这三种细胞中的任何一种，就会导致“色盲”症。此外，医生在研究那些患有“色盲”症的人的视觉神经系统时，发现他们的锥体细胞如果受损或脑部加工视觉信息的部分神经被损伤，就会导致眼睛无法感觉到完整的可见光波，此研究进一步证实视觉细胞与感知系统之间存在着对应关系。

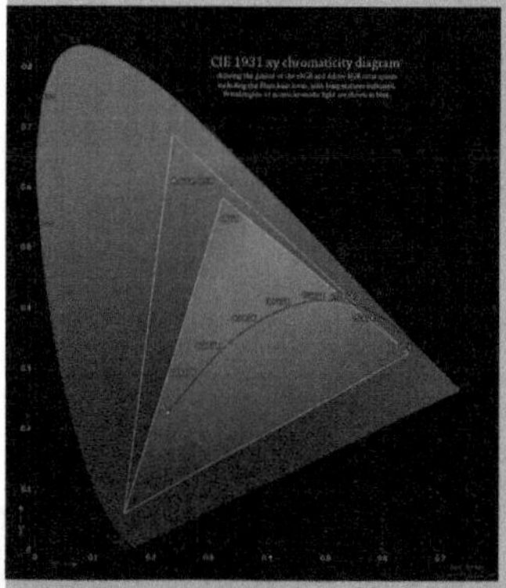

图 6–1：CIE1931 色度图。外侧曲线边界是光谱（或单色）光轨迹，波长用纳米标记。

没有视觉，人们对颜色的感觉就不可能存在。

色彩可以通过人工合成获得，途径有两种："加法颜色混合"（图6–3）和"减法颜色混合"（图6–4）。在色彩实验中，如果用棱镜将太阳光进行分解会得到七彩光，反之，混合各种适当波长的光将产生八色，这种形式的波长混合原理称为"加法颜色混合"。而在画水粉静物时，将不同色彩的颜料混合在一起，这种混合原理称为"减法颜色混合"。例如将黄色与蓝色两种颜料混合在一起时，蓝色吸收了黄色光波，黄色又吸收了蓝色光波，唯一没有被吸收的波长看起来是绿色。

(2) 色彩与光

人们对环境中色彩的认识来自两个方面：一方面是光源本身的颜色，被称之为光源色；另一方面来自物体受光源照射后所呈现的颜色，被称之为显现色。

光源色的色相属性由光源所处的光波范围决定，物理学研究者指出：人看见的"颜色"是电磁波谱中的一个很小的波长范围，其他波长如微波、X光和无线电波都无法通过肉眼观察。可见光波长范围是400纳米到700纳米，如绿光的波长为500纳米，黄光的波长为600纳米，红光的波长为700纳米。

我们通常情况下看到的物体颜色并非物体的固有色，而是物体的显现色，因为物体在不同的光源下所呈现的颜色不同，物体只有在全光谱的自然光下才能呈现出固有色，而在人工照明环境里呈现的颜色都是显现色，更直白的解释是人工光环境改变了物体的颜色，我们看到的颜色可以说是不真实的。然而，正是由于不同的人工光源可以改变物体的固有色，我们才能利用这一点获得不同的光效，可以制造出在自然光下看不到的色彩效果。

图6–2：自然光的光谱最全，所以物体显现出的色彩最真实。

图 6—3、4

图 6—5、6：了解同一色相不同纯度之间的差异。

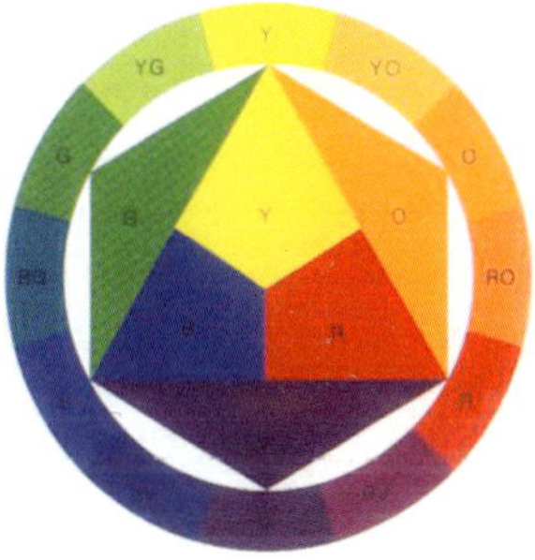

图 6—7：色相环。

同一个物体在不同色温和显色指数的光源下，其显现色肯定不同，此问题将在本书的第三章第三节中进行详尽的解释，这里就不再赘述。

2. 色彩的基本属性

(1) 色相

不同物体所反射的主要波长不同，意味着人们看到不同的色彩，将这些色彩印象加以区别和命名即我们常说的“色相”。一般而言，人们将可见光谱中不同的波长定义为红、橙、黄、绿、蓝、紫等不同的色相名称。

(2) 明度

是指色彩的明暗程度。明度与物体表面的反射率有关，反射率越高或光线越强，其明度就越高，看上去色泽就会较亮或较浅；反之，当物体吸收大部分光线或光线越弱时，则明度较低，色泽就会较暗或较深。

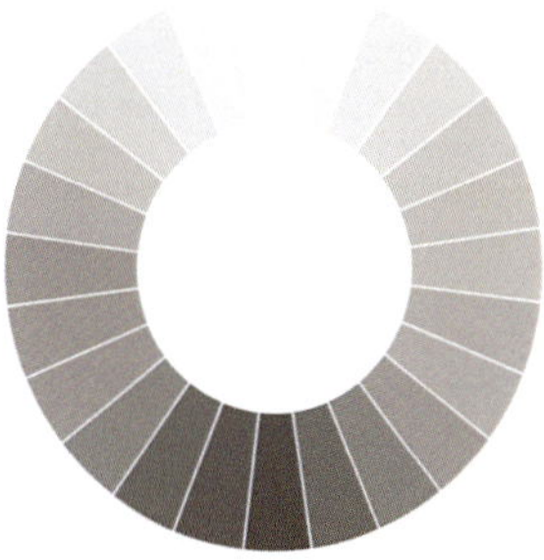

图 6—8：明度色环。

(3) 纯度

代表色彩的鲜艳程度，也就是色彩的彩度或饱和度。颜色越纯，彩度越高，视觉刺激就越强。

3. 光与色对人的情绪影响

当代心理学家将情绪界定为一种躯体和精神上的变化模式，包括生理唤醒、感觉、认知过程以及行为反应。例如，请设想一个让你感觉到特别舒适的空间，你的生理唤醒过程可能是平缓的，你的感觉是积极的；相关的认知过程包括你对这个空间中柔和光线、明亮的色彩或与曾经在此发生的美好回忆；你的外显行为可能是表情上的（如微笑）或者行动上的（如拥抱）。

光和色（生理唤醒因素）是改变人类情绪的因素之一，既可以唤醒人的积极情绪，也可以唤醒人的消极情绪。

每个人都或多或少地体验过色彩对我们情绪的刺激作用。研究显示，当我们进入一个粉蓝色或粉红色的房间时，即便不知道这个房间的功能是什么，我们的脚步自然放轻，脸部的线条也柔和起来；反之，当我们进入一个鲜艳的红色房间时，眼神警惕、神经紧张起来。由此可见，情绪并非完全由我们的理智控制，也会因外界环境的刺激而产生变化。

图 6-9：温暖而明亮的光线容易吸引人们的注意力。

此外，人的情绪会随着光的亮度、色彩和对比度的改变而改变。明亮的光线会触发身体的活力，让人的情绪高涨；而黯淡的光线会刺激人的成长荷尔蒙褪黑激素升高，使得运动神经镇静下来，缓和人的紧张感。

常常采用定性研究方法研究光与色对人的情绪影响。由于个体的不同文化背景、不同教育背景、不同年龄段、不同性格，导致对光和色的感受力存在较大差异。因此，研究光与色对人的情绪影响，不可能像做物理化学实验那样，以标准化的数据将感受进行分类，采用定性的研究方法更合适。此外，社会学研究者指出，作为在群体社会中生存的个体，一定具备了群体的某些共性特征，这里我们所探讨的情绪问题，正是从研究群体共性的角度，总结出光与色对人的情绪产生影响的一般规律。

图 6-10：2005 年，伊藤丰雄为参观爱知世博会的人们创造出一个令人平静放松的休息空间。因水面和镜子的反射作用，整个空间被笼罩在宁静的蓝光之中。

图 6-11

图 6-12、13

(1) 对温度的感觉

根据我们的生活经验和记忆，当我们看到绿色的森林、碧绿的湖水、蔚蓝的天空时，我们就会感到凉爽与平静；而当我们看到橘色的灯光、大红的灯笼、浅褐色的墙砖，我们又会感到温暖与舒适。因此在设计中，我们常常从人们对色彩的心理感受出发设计灯光，并根据案例的具体特点搭配色彩。

如图 6-11 所示，展厅入口的光环境设计直观地向人们传递了温度的信息，制造出冰天雪地的北极感受，整个环境照明以冷光源为主，与投影在墙面上的暖光斑形成小对比，这种对比加重了空间的冷冽氛围，而这些光斑的形状让人联想起冰山一角。在图 6-12、13 中，餐厅的设计以不同色温的光源来区分不同的进餐空间，营造出不同冷暖感受的光效，如包间外热火朝天，与包间内的清凉感形成强烈对比。

图 6-14、15

(2) 对距离的感觉

由于颜色的冷暖对比、光线的强弱，使得我们对视野中物体的远近判断产生一些错觉。研究者通过实验，得出一些适合设计师参考的结论：人们在同样的空间中，认为暖色系的物体离视野更近，冷色系的物体离视野更远，如图 6-14、15 所示，红色的座椅与绿色的墙壁相比，离视野更近。

同样的道理，暖光源比冷光源更容易跳到人的眼前，在图 6-16 中，前景化妆区使用的是暖光，天棚使用的是白光，远处的射灯使用的是冷光，对远处的家具的感受距离（让被试者估计的距离）大于实际测量距离，对顶棚高度的估计距离也大于实测距离。如图 6-17 所示，近景的地面为蓝色冷光源灯箱，中景为黄色暖光源吧台，就此画面而言，感觉吧台往前跳，地面的灯箱格在往后退，说明冷暖不同的光源影响人们对实地距离的估计。

图 6-16

图 6-17

图 6—18

图 6—19

(3) 对重量的感觉

一般而言，人们对物体重量的感知不是通过视觉神经系统，而是通过触觉神经系统。但是，研究者发现，视觉系统对物体重量的判断会干扰我们对物体重量的认知，干扰的因素包括视觉对物体材质的认知、对色彩的认知、对光线的认知、对体积的认知。

以图 6—18 为例，在底层空间中，以显色性不佳的暖光营造亲密的交谈氛围，夹层空间以冷色光为主，顶棚则通过不同尺寸的圆形反光板，接受冷色系光斑，形成神秘而缥缈的氛围，一旦光线的运用反过来，同样数量的反光板却看起来更沉重。

图 6—19 所示，在相对比较低的空间中，以冷光源照亮天棚的反光板，使得人们感受到的天棚是轻盈的，而不是笨重的。

照明设计中，我们常常利用白色的灯光打在高大的墙体或物体上，减轻墙体的压迫感或物体的笨拙感。

图 6-20

以图 6-20 为例，近景中，用轻钢龙骨和铝塑板制作的异型装置，其重量一定比我们看到的要重很多，设计者给这块铝塑板打上冷色系的光线后，使其更显轻盈。

色彩有冷暖之分，光线有明暗之别，实验发现，人们容易将冷色的物体、明亮的光线与“轻”的概念联系起来，反之，把暖色的物体、暗淡色的光线与“重”的概念联系起来。所以，在光环境设计中，设计者巧妙地利用人们的这种心理特点，改变人们对物体实质重量的估计。如果空间很大、四壁空旷、顶棚离地面很远，则可以选择鲜艳的暖色系，给人以安定感；如果空间比较狭小、顶棚离地面很近，则选择明亮的冷色或冷光源，减轻墙壁的厚重。

空间中，可以用光、色彩制造紧张感，以提醒人们注意某个空间。

(4) 对体积的感觉

在研究光和色对人情绪影响的过程中，研究者发现：未经过色彩知识专门训练的人，对视野中物体的大小判断，容易受到颜色和光线的误导。

以图 6-21 为例，解释的更为直观。在同样的光环境中，理智告诉我们，两个沙发大小相同，但是，视野中看到的沙发就是一个大一个小，白色的沙发看起来比黑色的大一些。

研究者对此的解释：人们依靠视觉判断物体的大小存在很大的误差，影响的因素包括物体旁的参照物大小、物体的颜色、投向物体的光线，当然还有个体以往的经验和常识。

从视觉艺术的角度来看，正是因为眼睛有时会“欺骗”我们的大脑，这种信息的错位使得我们经历一些奇妙的体验过程，甚至乐此不疲。

(5) 紧张感

一般情况下，人们对色彩的安全性认识取决于色彩对人注意力的影响。假设实验的前提是当人们注意力未集中在颜色上时，实验的结论是当视点快离开目标，黄色的诱目性最高，一般情况下，红色的诱目性最高，蓝色次之，绿色最小。另外，目标物体的明度或亮度高于背景时，其诱目性也会提高。

基于这样的实验结果，研究者发现颜色的诱目性与人们的紧张程度相关联，黄色和红色的诱目性高，所以当人们看到大面积黄色和红色时，紧张感增强，警惕性提高。

图 6-21

图 6-22、23

图 6-24

图 6-25

图 6-26

图 6-29

图 6-27

图 6-30

图 6-28

在这项实验中，人的紧张程度同时也受到面积和距离两个因素的影响。

事实上，任何颜色，只要面积过大，都会引起人们的紧张情绪。

当颜色的面积大于人体尺寸时，红色更容易引起人的紧张感，当颜色的面积小于人体尺寸时，红色和绿色对人的紧张程度差别不大。当距离远时，红色比绿色更容易引起人们的紧张感。

在图 6−24 中，大面积的绿色墙面和冷光源配合，营造出诡异的长廊，让人汗毛竖起。在图 6−25 中，走廊尽头的红色墙面和光线让人感觉到紧张和恐惧，相比来看，图 6−26 中远处绿色的空间让人稍微放松一下。

在主题餐厅、主题酒吧、室内游乐场、科技馆、商业展览等对光效有特殊要求的空间中，设计者常常利用人们对色彩的不同紧张程度，制造出可以让人接受的神秘感。

(6) 对空间尺度的感受

人体通过视觉系统搜集环境中关于空间深度的信息，从而确定空间的尺度。深度知觉的产生包括主体和客体双重原因，主体——双眼提供的视差和视轴是产生深度知觉的重要生理机制，客体—图形为感知提供深度线索，主要的深度知觉线索包括大小、质地、焦距、饱和度、亮度、透视、运动视差等因素。

实验显示，当某种色彩的色相和明度不变时，饱和度高的颜色离人眼更近，饱和度低的颜色离人眼更远。所以生活中，人们会认为鲜艳色彩的空间比起灰色系的空间看起来更小，黑色空间比白色空间看起来更小。

在图 6−27、28 中，暖色调的空间比冷色调的空间显小，在图 6−29、30 中，白色系的空间比灰色系的空间更显开阔。

为了更准确地把握环境中的光与色，建议设计师除了对已有设计案例进行调查和分析外，还需要应用心理学的研究方法“意向尺度法”和“情感量表”，对使用者的心理进行调查与分析，才能更准确的选择室内空间中光源和色彩。

图 6–31：造型怪异的沙发、红色墙面与聚光灯营造出独特的酒吧空间。

本章重点与习题：

1．思考并解释光与色彩之间的关系。
2．人的情绪如何受到光与色的影响？
3．举例说明由于光与色的变化引起情绪变化的经历。

第七章 光效控制

人们通过视觉系统从环境中获得大部分信息，但是视觉的有效性则以光的存在为基础。光不仅作为一种能量为人们所熟悉，而且光作为塑造空间和物品艺术性的重要媒介，值得设计师一探究竟。

本章所探讨的是光在满足照亮环境的基本功能之外，设计师如何挖掘光在艺术层面的价值，并且学习如何塑造不同的光效。

1. 光与形

中国古代有一则小故事与光有关，一位老者临终前将三个儿子叫到床前，分配家产，老者想把家产分给其中最聪明的儿子，出了一考题：谁能在明早之前将后院的一间空房装满，谁就能得到家产。大儿子和二儿子雇人用棉花和干柴装满房间，小儿子不动声色，拿来一只蜡烛放在房间中间，点亮之后，告诉老者：房间的每个角落都被光填满了，没有丝毫遗漏！老者欣慰地将家产留给了小儿子，然后驾鹤西去。后人在称赞小儿子智慧的同时，也意识到光这种物质的特点：光可以随空间形态的变换而变化。如果光在方形的空间中，就被认为是方形，如果光在圆形的空间中，就被认为是圆形。

有人认为光是无形的，有人认为光是有形的，对于研究光环境的设计师而言，比起关注是否有形，更重要的是研究怎样塑造光的形态。

图 7-1、2 利用有镂空图形的界面设计光和形态。

图 7–3

图 7–4

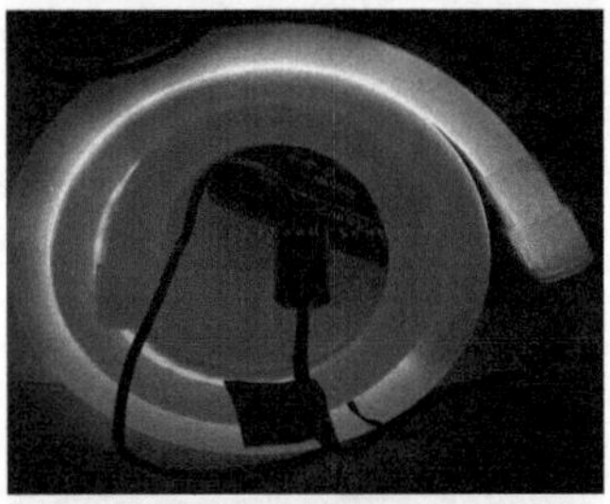

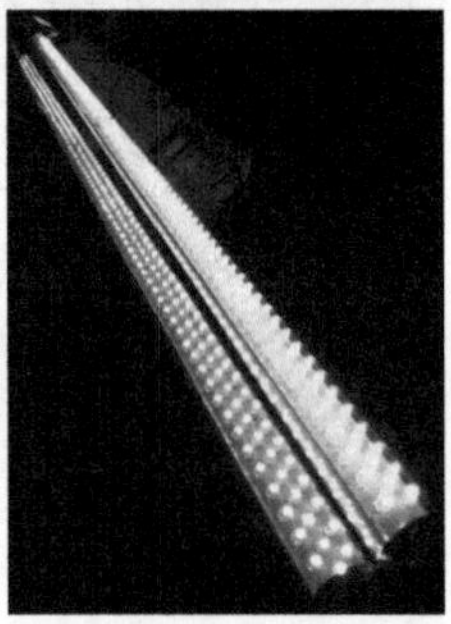

图 7–5
图 7–6
图 7–7

长久以来，光被当成没有形态的设计元素对待，但是随着设计师不断的创新实践，设计者逐渐摸索出一些规律，常用设计方法有以下几种：

(1) 利用有镂空图形的界面塑造光的形态

这种方式使用最为普遍，其优点是易于控制光的形态，可以制作图案精细的光斑，如图 7–1、3 所示：在墙面上挖出镂空的小洞或者不规则的小短线，光从墙里透出来，就形成圆形或不规则线性光斑。在图 7–4 中，白色细长光带将建筑立面切分成不同面积的方形，线条简洁有力，与其简洁的建筑风格保持一致。

(2) 利用灯具的形态塑造光的形态

设计师常常利用 LED 灯、光纤或柔性霓虹灯制作成不同形态的发光体，这种方法的特点是：制作方便，不受建筑结构的限制。其局限性在于形态受到灯具造型的限制，普遍以点和线的艺术形式存在。如图 7–3、5，光纤和柔性霓虹灯主要呈现线的状态。LED 灯可以是点状，如图 7–6。也可以制作成管状，如图 7–7。由此，利用灯具可以塑造的光的形态较为丰富。

(3) 将光源放在能透光的形体之中来塑造光的形态

如图 7–8，顶棚圆形照明装置，就是将光源置入圆形的半透明模型之中而形成的。

比较图 7–9、10 中建筑的招牌，前者采用的是将光源放在能透光的塑料灯箱中的方法，后者是利用柔性霓虹灯管放在金属字体背后的方法，前者招牌看起来体积感很强，字体清晰醒目，后者字体看似飘浮在一片光斑上，显得比较轻盈。可见只要运用得当，每种方法都可以营造出独特的艺术效果。

图 7–8

图 7–9

图 7–10

图 7–11：可以导光的玻璃不仅能制造出独特的进餐氛围，而且为餐厅提供了必要的环境照明。

图 7-12：自然界中的光与影，被设计师巧妙地带入建筑中。

2. 光与影

有光才有影，这是常识。但光本身更容易受到人们的关注，而影常常被忽略，只有在特定环境下人们才意识到影的美。

然而光与影的美是相辅相成的，影的形态和密度受光的形态、亮度、照射物体的角度、物体的透明度、投影面的质地等因素的影响，而且具有很强的艺术表现力。

塑造影的艺术表现力，可以采取以下几种方式：

(1) 改变灯具的照明方式

聚光灯下物体的投影轮廓清晰、密度大，易于表现厚重的物体，给人的感觉较为严肃和凝重，如图 7-14 所示，聚光灯下沙发的投影颜色很深，沙发的受光面和背光面的明暗反差大，感觉沙发的分量不轻；而泛光灯下物体的投影轮廓柔和，由于光线从不同的角度射向物体，

图 7-13

图 7—15

图 7—14

投影的密度较小，物体的各个细节清晰可见，给人的感觉更为轻盈和通透，如图 7—15 所示，几乎看不见餐椅的投影，虽然餐椅的色彩不浅，但是看起来比图 7—14 中的沙发要轻盈些。

所以，当我们表现分量重和体积感强的物体时，建议使用聚光灯，因为厚重的投影可以更好地强调物体的立体感和体积感；而在表现质地坚硬和细节较多的物体时，建议增加聚光灯色数量，如图 7—16，由于吊顶上安装了多个聚光灯，类似于手术台上的无影灯，几乎消除了店内家具的投影。总而言之，使用泛光灯或多个聚光灯的目的是减少物体投影的面积，降低投影的密度，使得物体更显通透，看到物体更多的细节。

图 7—16：由于吊顶上安装了多个聚光灯，类似于手术台上的无影灯，几乎消除了店内家具的投影。

图 7-17

图 7-18：灯具投射的角度，决定着物体投影的形态。

图 7-19

(2) 改变照射角度

大角度照射产生的投影被拉得纤长，其面积远远超过了物体本身，引导人们关注影的形态，使得影的形态成为空间中的主角，如图 7-17，顶棚上投射的樱花花瓣的光斑，如图 7-18，投在墙面上的城市剪影清晰可见。小角度照射产生的投影紧缩成一团，使人的目光集中于物体上，如图 7-19，射灯位于酒吧桌面正上方，而且距离很近，圆形桌面非常亮，而桌腿隐藏于浓重的投影中，其细节难以辨认，变成桌面的背景。

(3) 改变物体或投影面的质地

落在粗糙投影面上的影子形态模糊，如图 7-20。落在光滑投影面上的影子形态清晰，如图 7-21。半透明物体产生的影轻飘，如图 7-22。不透明物体产生的影实在，如图 7-23。

设计师在掌握以上表现影的方式之后，应根据空间的特点和物体的特点，选择一种或多种表现方式，将得到意想不到的光影效果。

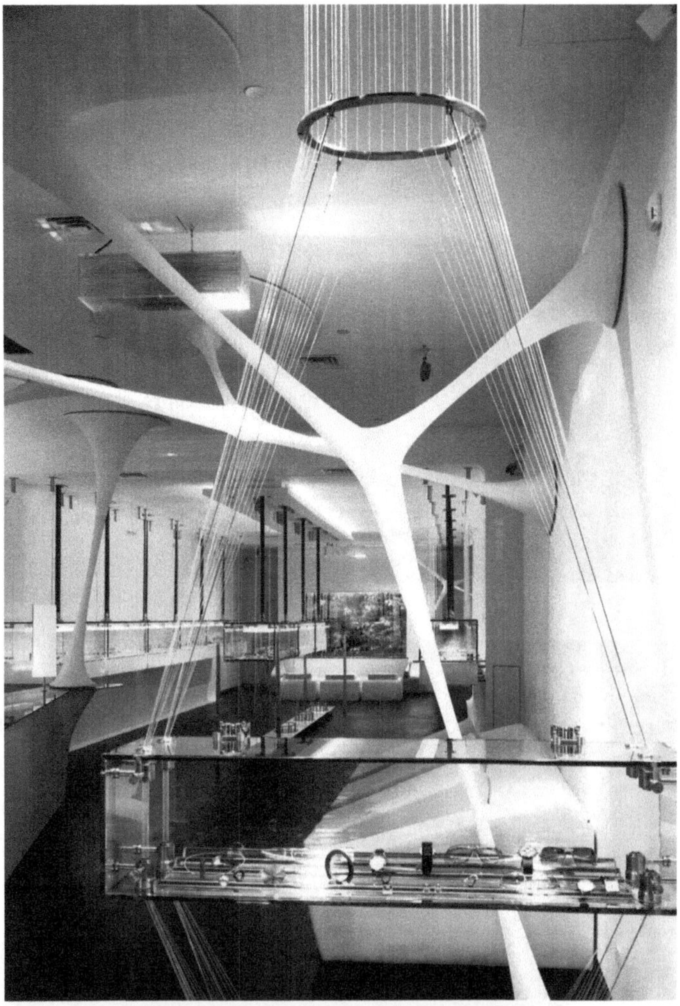
图 7-21

图 7-20

图 7-22

图 7-23

3．光与立体感

物体的立体感是否突出，取决于在光环境中物体的受光面、背光面和投影之间的明暗比值。

如果明暗比值越大，我们所看到的物体立体感越强（三维化），如果明暗比值越小，我们所看的物体趋于平面化（二维化）。可见，光成为塑造物体立体感的必要基本条件，没有光，物体的立体感塑造就无从谈起。

在光环境设计中，设计师不论是利用光来增加物体的立体感还是削弱物体的立体感，只要是能达到设计的目标，都是可行的。通常，我们都可以利用以下方式改变光环境中物体的立体感。

(1) 改变物体周围光源的位置

如果光源全部聚集在作业面的一个方向或者均匀分散在各个方向，都不利于塑造物体的立体感。应根据所照物体的体积、形态和材质，调整光源的位置，重新塑造物体的形象。图 7–24 中，向下的漫反射光使得原本平淡的立面产生较强的立体感。在图 7–25 中，通过展台上的投光灯塑造的模型的立体感是由于投光灯的照射方向均为向上，所以造成物体的立体感不强，并且光效诡异，不过这样的效果正是设计师所需要的——营造神秘而怪异的展示氛围。与之相反，在图 7–26 中，展品为石膏雕塑，当光源位于展品的右上方时，才能显得展品庄重而肃穆。

图 7–24

图 7–25

图 7–26

图 7—27

图 7—28

(2) 调整各个方向光源的照度比值

具体是指调整作业面的照度、环境的照度和辅助光的照度，其过程好比画一张黑白素描。例如，受光面的照度与辅助光的照度比值为 4∶1，再将环境的照度调整为受光面照度的 30%，物体的立体感就会增强很多。如图 7—27、28、29 中，当重点照明与环境照明的照度比值为 4∶1 时，墙面上的展品看起来立体感较强，而在展柜上的物体，由于只有环境照明，缺乏重点照明，因此物体的受光面和背光面混为一体，影响顾客了解展品的细节。

图 7—29

(3) 调整空间中光源的数量

特别是在美术馆、博物馆这样的展览空间中，灯具的布置非常灵活，为了将展品的最佳状态表现出来，设计师可以通过增加或减少灯具，来增强展品的立体感。

此外，在餐饮空间中，为了让人们在进餐过程中保持愉悦的情绪，设计师除了从餐桌上放置灯具，以照亮顾客的面部，还应在餐桌之间安排一些灯具，为顾客的面部提供辅助光，从而塑造出更有立体感的面部表情。

同样在专卖店中，设计师应注重光线对顾客面部和体态的塑造，因为每个顾客都希望自己如橱窗里的模特那样有明星感，如果因为光线设计不当，造成顾客从镜子里看到苍白的脸蛋与平平的身材，消费热情自然会降低。如果设计师将顾客当做展品一样来塑造其立体感，无疑使得光成为一种潜在的促销手段。

4．光与色

本书的第四章第三节，从心里学角度分析光与色对人的情绪产生的各种影响，本小节则从审美的角度，探讨如何塑造光的色彩。

设计师可以通过以下三种途径来塑造光的颜色：

① 直接应用彩色光源（如LED灯、彩色荧光灯）

如图7–30，建筑立面上的9个方框，采用不同颜色的荧光灯，色彩鲜艳、明亮。在图7–31中，该商业空间中全部采用飞利浦公司的LED灯具，每时每刻光的颜色都在发生变化，而且不同色彩之间过渡自然，光线柔和。在图7–32中，走廊空间背景光为蓝色，与尽头的红色墙面形成对比色，使得该空间干净又有生气。

② 用彩色透明或半透明材料制作的发光体

将光源安装在彩色能透光的材料后面，如图7–33、34中，吧台立面由磨砂塑料板制成，里面安装荧光灯管，最终呈现红黄相间光带，墙面上的发光体如法炮制。

③ 在灯具上添加变色滤镜，使得光源发出的光变成彩色

如图7–35，在该展厅中，飘浮在空中的反光板呈现出不同色系的光斑，与展区色彩缤纷的隔断遥相呼应。办法很简单，设计师只要给射灯上安装不同颜色的滤镜，就能得到彩色的光斑，如图7–36、37、38。

图7–30

图7–31

图 7-32

图 7-33、34

图 7-35

图 7-36、37、38

图 7-39

图 7-40

图 7-41

图 7-42

5. 光与材料

不同材料在同样的光环境中，呈现不同的视觉效果，这是一般常识。

作为专业的设计者，应该思考如何通过光塑造不同材料的质感。

首先，要了解材料的特性、材料的纹理和表面的粗糙程度。在给纹理清晰和表面粗糙的材料打光时，应从多个角度进行反复尝试，直到得到理想的照射效果。

如图 7-39，利用垂直向下的直射光，容易表现纸张层层叠叠的纹理，如果换成水平方向的直射光，则看不出纸张的纹理。

如图 7-40，对于纹理粗糙的墙面，在小角度直射光的掠射下，可以充分表现其凹凸起伏的颗粒感，如果换成照度角度与墙面垂直的射灯，则削弱了其粗糙的肌理效果。

图 7-41 中的墙面为粗糙的砖墙，图 7-42 的隔断为光滑的塑料膜，由于其材质表面的粗糙程度不同，虽然同样处于利用漫反射照明条件下，但是给人的质感全然不同。

其次，要了解材料的反射系数，反射系数高的材料，如金属、玻璃等，在直射光的照射下，容易产生眩光，应尽量避免。

比较图 7–44、45，同样使用铝材，前者大门使用拉毛铝板，反射系数约为 55，后者顶面使用抛光铝板，反射系数约为 65，经照射后，由于后者容易产生眩光，所以使用漫反射光。前者则使用聚光灯，既能表现其金属质感又没有产生眩光。

比较图 7–46、47，同样是在荧光灯照射下的桌面，由于材料的反射系数不同，前者不必担心眩光问题，后者则容易产生眩光，因此在选择材料和照明方式时，应在了解材料的反射系数后，再作决定。

材料名称	反射比%
铝材（拉毛表面）	55-58
铝材（蚀刻表面）	58-70
铝材（抛光表面）	60-70
不锈钢	50-60
砖块（红色）	35-40
水泥（灰色）	20-30
石膏（白色）	90-92
砂岩	20-40
彩色玻璃	5-10
透明玻璃	5-10
反射玻璃	20-30
桦木	35-50
橡木（深色）	10-15
橡木（浅色）	25-35
牛皮纸	25-35
黑纸	5-10
油漆（黑色）	3-5
油漆（灰色）	35-43
油漆（红色）	15-22
油漆（蓝色）	28-35
油漆（绿色）	36-46
油漆（黄色）	56-65

图 7–43：不同材料的反射系数。

图 7–44

图 7–45

图 7–46

图 7–47

6．光的动态效果

我们都有过类似的体验，当我们进入一个空间，通过不断调整我们的视线来获取信息，与静止的物体相比，我们更容易关注那些运动中的物体，所以在一段时间内，我们的视线首先捕捉那些运动最剧烈的物体，然后逐渐转移到静止的物体上。心理学家对此现象的解释是：当人们处在一个动态的光环境中，视觉感知系统更为活跃，处在积极的辨别和判断状态中。

设计师正是利用视觉的这一特性，在室内空间中，通过设置动态的光来引起人们的关注。

如果希望在同样的室内空间中，体验到不同的光环境，设计师可以通过以下三种方式来制造光的动态效果。

① 改变灯具的方向，形成运动的光线，例如运动中的投影灯、舞池中的灯球。如图 7–48、49，利用动态投影灯，将图案投射到幕布或墙面上，图案跟随灯头的运动而变换方向。

② 通过显示屏、投影屏、触摸屏的发光表面展现动态的图像。图 7–50、51，利用触摸液晶屏展示动态的影像，吸引观众。在图 7–52、53、54、55、56 中，利用投影设备将动态影像投射到幕布或墙面上，在博物馆、商业展会上常常运用这种方式来制作动态光效。

图 7–48

图 7–49

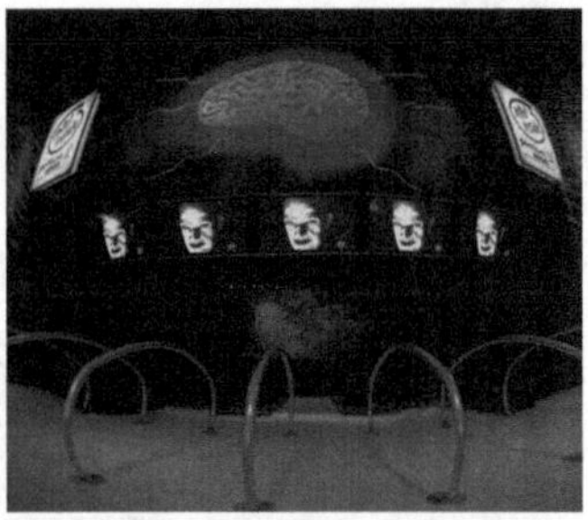
图 7–50

图 7—51

图 7—54

图 7—52

图 7—55

图 7—56

图 7—53

图 7—57

图 7—58

③ 通过电脑程序，控制 LED 光源的色彩与明暗变化，形成动态光效。

图 7—59

图 7—57、58、 59：巨型 LED 显示屏上不断变幻的影像，成为这个商业空间设计的最大亮点，吸引顾客的视线。

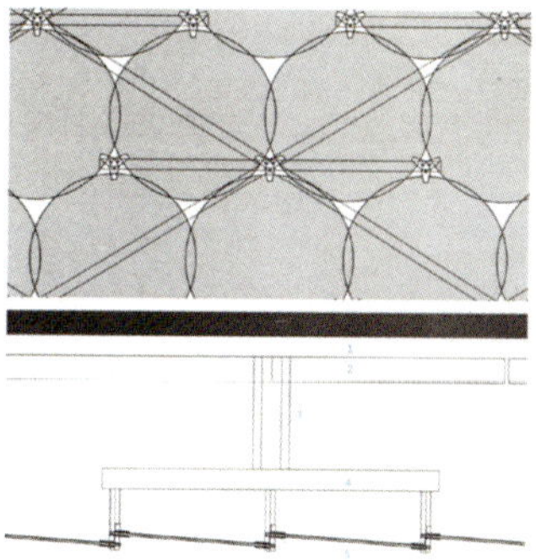

图 7—60、61、62、63：LED 灯与一种 dichroic filter（分色滤波器）结合，装饰 Galleria shopp mall 建筑的外立面，带来令人惊奇的设计效果，项目地点：韩国，首尔。

图 7—64、65、66：作品“Electrical conductors”的局部，设计想法：以人体作为产生光的“导体”，进入空间后，当人触碰LED灯和展台时，地面或墙面的LED灯就会亮起来，人越多，空间就越亮。

该设计理念不仅体现了LED这种新光源的节能和易于控制的特点，而且利用光营造出不断变化的体验过程。

图 7—67：作品“Electrical conductors”获2008年飞利浦LED情景照明设计大赛（方案设计组）金奖，作者：佘石轩、董杰，华东师范大学设计学院06级室内班。

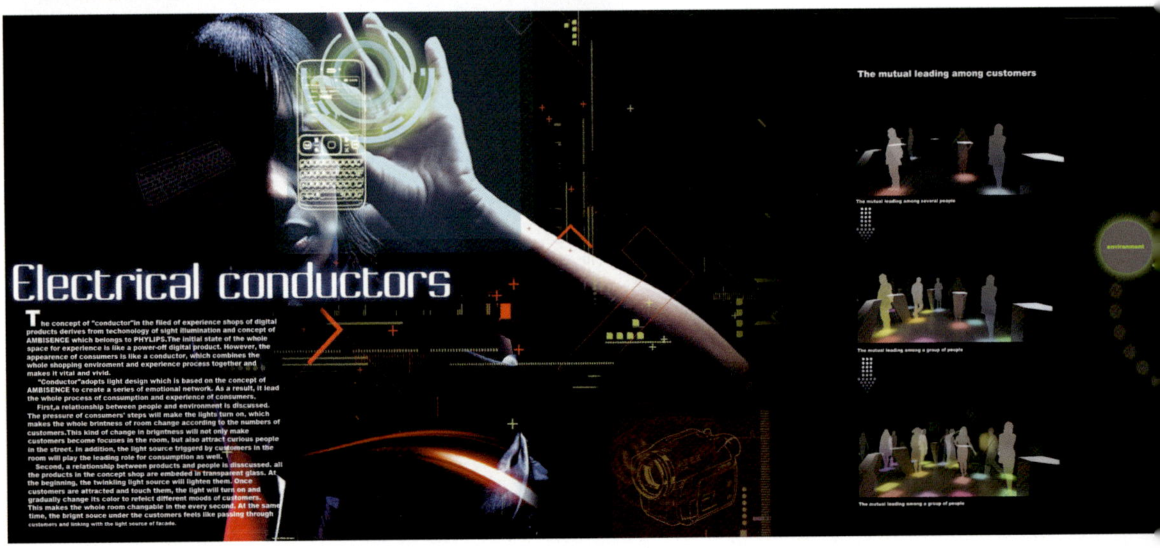

图 7—68、69、70：概念作品“PERHAPS RESTAURANT”获 2008 年飞利浦 LED 情景照明设计大赛（方案设计组）银奖，作者：王洁、周冠楠、朱韩君、傅银燕、梁丽娟、陈丽鸿，华东师范大学设计学院 06 级室内班。

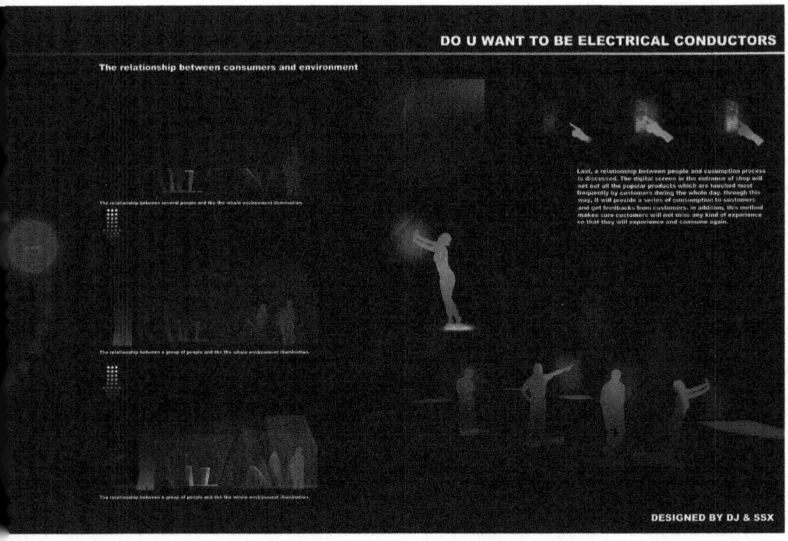

图 7—71、72：概念作品“PERHAPS RESTAURANT”局部。

本章重点与习题：

1．光效控制的内容有哪些？
2．塑造动态光效的方式有哪些？
3．在光效控制方面，你有什么新的办法？举例说明。

第八章 自然光设计策略

1. 自然光设计的意义

在许多的城市里，许多的商场和写字楼存在一个共同的现象——不分昼夜，室内永远灯火通明。然而这种完全依赖人工光和空调通风的现代建筑，导致生活在其中的人们患上一种现代建筑综合征（SBS）。其症状表现为头痛、恶心、嗓子痛、哮喘发作等，如果人们长期感觉不到自然现象（如日光）的变化，建筑综合征的症状就会加剧。自然采光对人们的身体、心理和生活的意义重大，不容忽视。

(1) 重视自然光设计有利于人的心理健康

自然光照明的历史和建筑本身一样悠久，但随着方便高效的电灯出现，自然光似乎没有以前重要了。但事实并非如此，以下几项研究充分说明了自然光对人体和心理健康产生的影响。

研究之一：1971 年，英国科学家奥德斯沃斯和布里德格斯通过对一个 24 小时运转的电力公司的员工的调查，发现长时间在一成不变的电灯照明下工作会导致感官灵敏度下降，从而降低生产力。

研究之二：1995 年，美国加利福尼亚州首府萨克拉曼多的马洪工作室做了一项调查，在沃尔玛连锁仓储超市中，位于天窗下、靠自然光照明的收银台比其他位置多收 40%。

图 8-1：心里学家指出：在自然光充足的空间中，人们的心情更加愉悦，工作效率更高。

图 8-2、3：虽然起居空间中的直射光会带来过多的热量，但是我们仍然会选择朝南有直射光的房间，而不喜欢朝北阴暗的房间。

研究之三：在 1998 年和 2002 年，马洪工作室又做了另一项调查，分别对两万名来自加利福尼亚州、科罗拉多州和马萨诸塞州的学生进行了调查，结果显示：在标准的统一考试中，约有 26%的在日光照明教室上课的学生，比在人工照明的教室上课的学生成绩好。

人工光可以满足人类的采光需要，但满足不了人们的心理需求，如清晨当你起床时，透过玻璃窗，感受阳光的温度，连心也跟着温暖起来。

科学家进一步解释：人工光主要由位于红色光区域的长波光线构成，自然光主要位于蓝色光区域，由短波光线构成。研究显示，人体生物钟更喜欢位于蓝色光区域的短波光线，因为它们能够抑制天然荷尔蒙褪黑激素并刺激荷尔蒙。这种双重功效能够提高人的机敏度，所以自然光能弥补人工光中缺失的那部分功能。

千百年来，人类从未停止过对自身的研究，发展科技的目的也是为了给人类提供更适宜的生存环境。因此，在不同的科学研究领域，对人的心理因素的研究不容忽视，在光环境研究领域也是如此。例如，在美国瑞瑟雷尔工艺研究所附属的照明研究中心，科学家从生态建筑学和人类学角度对光环境进行综合分析。中心主管马克 · 瑞说：他们将超越以往的单一学科、纯实验性质的研究，采取跨学科、跨专业研究的方式，以确定自然光线对人体生物机能的影响方式和原因。

重视自然光设计，就是对人类生存状态的尊重。正如拉伍兰德教授所说，“人们喜欢了解外面正在发生什么，哪怕仅仅只是看看天气如何或估计一下时间”。

因此，当我们知道人们在自然采光的房间生活工作会更健康、更有效率时，剩下要做的就是把这些原理应用于设计实践中。

(2) 重视自然光设计有利于节约能源

2009 年的全球金融海啸还未平息，人们从这场破坏力极强的海啸中反思什么呢？我认为，人们应该反思一下自己一味追求物质享受，过度消耗地球自然资源的不理智行为。这里，我们不去谈论哪个国家的人充当物质的享受者，哪个国家的人扮演着救世者，都为了同一个目的：如何才能在同一个地球上继续生存下去？

早在上个世纪 70 年代末，许多的经济学家、科学家和环保主义者就建议：如果城市的建筑减少对人工照明的依赖，就能极大地降低对能源的需求和消耗，就会降低每个人的生存成本。只是这样的忠告，在当时还未引起政府和大众的关注。

现在，不用说，全球气候异常现象的频繁出现和金融海啸的剧烈程度，已完全反映出能源问题已成为全球性的重大问题。更值得注意的是，每一个人都与此问题脱不了干系，因此每一个人都有义务关注自然光照明，实践绿色照明。

日光照明的历史和建筑本身一样悠久，但随着方便高效的电灯的出现，日光设计逐渐为人们所忽视。

图 8-4：英国国会大厦的屋顶改造设计：利用自然光线和太阳能改变建筑机能。

图 8-5：自然光覆盖小教堂的每个角落，使人气定神闲。

目前，在纽约，有许多建筑学家心甘情愿地在一个非赢利性研究中心兼职，这个实验室致力于帮助在其建筑中最大限度地利用自然光照明，目的是研究、宣扬和推广自然光照明。他们正在潜心研究自然光在建筑照明中的积极作用，并极力宣传日光在建筑照明中的妙处。相信在不久的将来，中国也会出现这样一批建筑师、照明设计研究者、室内设计师，潜心研究日光与人居空间之间的关系。

2. 自然光的构成

有价值的自然光是白天的昼光（Day Light），昼光

图 8-6：一天中，随着时间的推移，直射光在室内显现不同的光斑形状。

图 8-7：在有机建筑中，自然和建筑融为一体，自然光设计当然也是其中不可缺少的部分。

图 8-8：白天，如果自然光充足，人工光的消耗自然减少。

图 8–9：人工光与自然光的色彩、亮度可以近似，但是人工光却无法让人们感受那种无法用言语表达的微妙变化。

由直射光和天空光组成。

太阳辐射的能量包括直接通过大气到达地表的直射光和在大气中散射之后从天空到达地表的天空光，前者数量较多，被称为“日照”。日照除了能提供光和热之外，还有保健和干燥的作用。

图 8–10：顾客置身于光影变化的室内空间，本身就是一种享受。

3. 自然光设计的特点

当建筑者开始着手设计一个建筑时，基本上已经确定了建筑与自然之间的关系。是选择违背自然规律的建筑设计方案（例如设计出全封闭不开窗的建筑，完全依赖人工光和空调系统），还是选择尊重自然规律的建筑方案（例如设计一个不用人工光就能使人高效工作的办公楼），我们有必要先了解一些自然光的特点。

(1) 时间因素

昼光的强度和方向从清晨到傍晚随季节不同而变化，没有一个固定的数值。

采光系数是指室内某一点的照度与同一时间室外扩散光的照度之比，用百分数表示。全云天空下的采光系数为2%，提供100lx的照度。在地球的不同地域，采光系数值有所不同；即便是采光系数相同，任何一点的照度水平也将随任何时刻外部天空的亮度变化而变化。因此，要精确地计

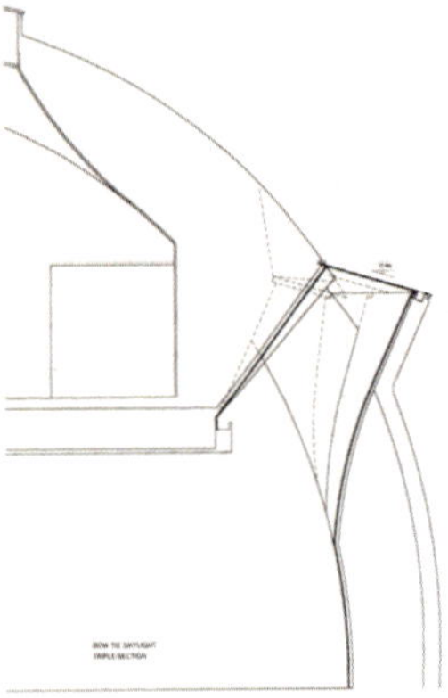

图 8–11、12：在高大的空间中设计侧窗，可以为室内提供充足的自然光，同时又可以避免直射光对艺术品的损伤。

算室内的昼光亮度，对于设计者而言，采取的最好办法，是制作房间的缩尺模型，放在实际场地中，利用仪器实测内部的采光系数值。

(2) 朝向因素

应评估所在地域该季节里太阳移动的轨迹，在保证有足够光线进入室内的同时也要考虑眩光问题。在东南西北不同朝向的室内空间中，其防止眩光的设计策略有所不同。一般而言，东南朝向的房间，由于直射光射入较多，容易产生眩光，要设计一些反光板以避免光线直接进入人眼；西北朝向的房间，由于午后直射的阳光较多，入射角度比较低，窗户上百叶板尽量垂直。此外，南面与北面应安装不同大小的窗户，以适应人们对不同热量的需要。如图 8–13、14 所示，通过平面布局和窗户开口的大小就能判断房间的朝向，这是因为设计者是在充分考虑自然采光与居住功能的关系之后的结果，朝北房间的窗户比朝南的窗户小，在气温较低的北方，防止热量扩散太快。

(3) 窗户的特点

窗户的大小和面积，是保证室内空间采光质量高低的重要设计依据。传统上，我们依据经验得到一个参考数据，现在，我们可以利用模型尺寸和仪器测算出该空间所需亮度，再通过计算机模拟一个房间，并测算出适合这个空间的窗户尺寸，以及看到在空间中不同位置的窗户对室内照度的影响。

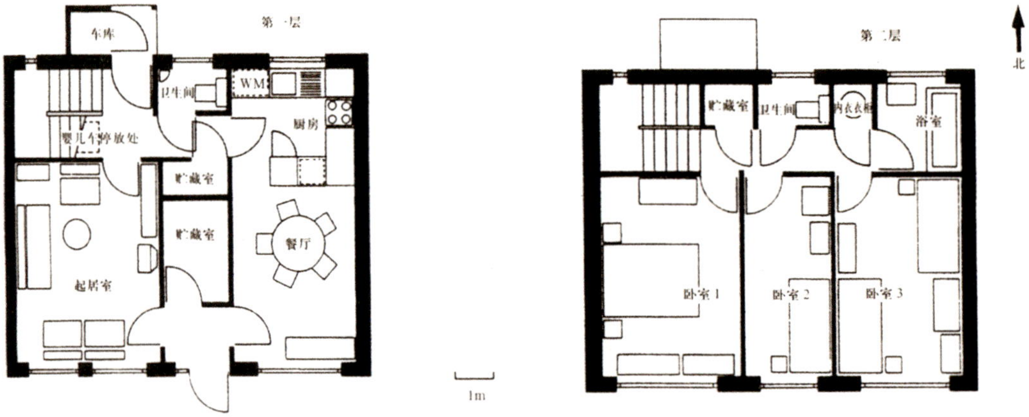

图 8–13、14：低能联排式住宅平面图，注意北面的窗户与南面房间的窗户之间的比例。

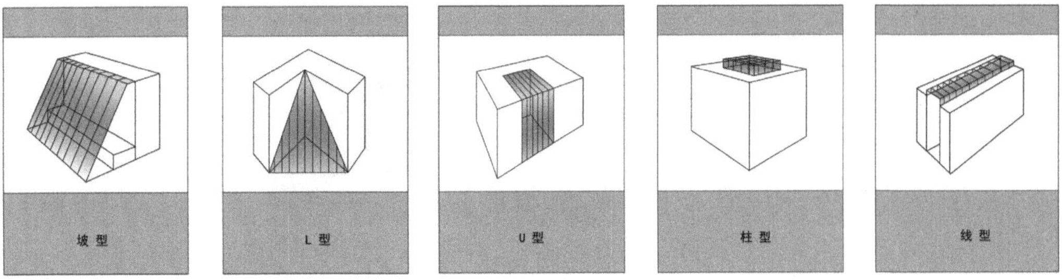

图 8-15：五种自然采光方式示意图

图 8-16：在高大的空间中，常常在建筑顶部设置采光口，增加白天室内的亮度，从而减少人工光的消耗。

图 8-17、18：根据建筑形态和室内空间的特点，选择合适的采光方式，才能有效地解决白天室内采光不足的问题。

(4) 采光方式

综观各种类型的建筑，其采光方式无非是以下五种基本形式的组合，如图 8-15 所示：坡型、L 型、U 型、柱型、线型，所有的建筑空间都是由这几种采光方式组合而成的。

在高大的空间中，常常在建筑顶部设置采光口，增加白天室内的亮度，从而减少人工光的消耗，如图 8-16 所示。

根据建筑形态和室内空间的特点，选择合适的采光方式，才能有效地解决白天室内采光不足的问题，如图 8-17、图 8-18 所示。

室内直射光斑和阴影的形态，是以上四个方面综合作用的结果，在计划一个空间的采光设计策略时，从时间因素、朝向因素、窗户的特点和采光方式四个方面进行实地考察是必不可少的基础工作。

编号	名称	特征	图例
1	凸窗 Bay window	平面图呈三边形或多边形，自地面起就向立面外凸出，通常延伸到上楼层或上面的几个楼层，现代住宅中常见的窗户类型。	
2	窗墙/落地窗 French window	由两个窗扇组成，从屋顶直落地面，像两扇门一样开闭。17世纪80年代最早在法国凡尔赛使用。	
3	水平窗/芝加哥窗 Chicago window	大于开间总宽度的窗户，中间有一块固定的大玻璃，两边各有一个较小的窗扇。为19世纪和20世纪交替时芝加哥的开创性建筑，如路易斯·沙利文[Louis Sullivan]的建筑特征。	
4	十字窗 Cross-window	被一根直棂和一根横档分成几格的窗户。常见于17世纪晚期建筑。	
5	屋顶窗[老虎窗] Dormer window	斜屋顶之上、有自己的屋顶的窗户。	
6	竖铰链窗 Cosement window	垂直地分成几个部分或几个窗扇，整个窗扇以铰链为轴开合。	
7	耶西窗 Jesse window	一种中世纪窗户，设计成耶西树[TREE OF JESSE]的形状。	
8	尖顶拱窗 Lancet window	一种又高又窄的窗户，上部冠有一尖顶拱[ARCH]。见于哥特式[GOTHIC]建筑，特别是13世纪的哥特式建筑。	
9	玫瑰圆窗 Rose window	一种圆形窗，窗花格[TRACERY]从中央向外辐射，与边框上的叶饰尖头[CUSP]相交，形成的图案像玫瑰花瓣。	
10	轮形窗 Wheel window	一种早期形式的玫瑰圆窗。直棂为轮辐状的柱子，并带有柱基和柱头。	
11	三尊窗 Venetian window	由三个取光窗洞[LIGHT]组成的窗户，中间的窗洞高于边上的两个，上面呈拱形。	
12	窗扇 Sash window	横地平分为两部分，尚两边的槽可上下推拉的窗户。这一设计在17世纪首次运用于窗户上。	

图 8—19

4. 控制自然光的策略

自然光的设计，并非简单地增加窗户数量和面积，设计者所考虑的是如何控制进入室内的自然光，设法让光线均匀四散，以平衡室内的整体采光。只有在设计者了解每一种控制自然光的设计方法之后，面对具体设计项目时，才能保证自然光设计方案的有效性和合理性。

(1) 窗户设计

① 常见窗户的类型。

如图 8−19 所示。

② 窗的面积和开窗的位置。

窗的面积设计依据来自两个层面：其一，不同类型的室内空间所需要的采光系数不同，例如学校教室的采光系数最低值不应低于 1.5%，工作区域的采光系数不得低于 2%，居室的采光系数 2% 刚刚好。所以在设计时，应查阅建筑采光标准；其二，根据使用者的特殊需求制定设计策略，例如心理治疗中心的窗户位置与超级市场的窗户位置肯定有所不同，前者应避免直射阳光引起的眩光对病人的刺激，后者则需要大面积的玻璃窗来营造温暖和闲适的聊天氛围。

室内中自然采光的优劣，窗户的位置和大小是最直接的影响因素。

开窗位置不同，直接影响空间采光的均匀度。即便同样面积的窗，开在室内的不同高度和方位，得到的采光效果截

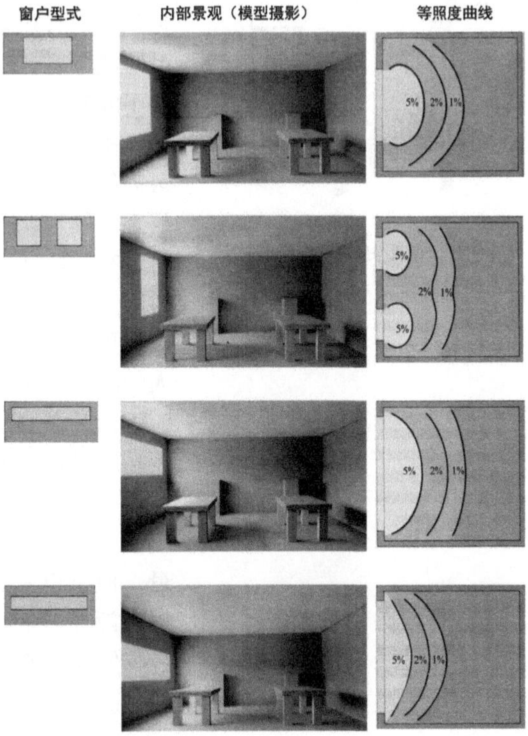

图 8−20：利用模型，分析不同面积和位置的窗户对室内光线的影响。

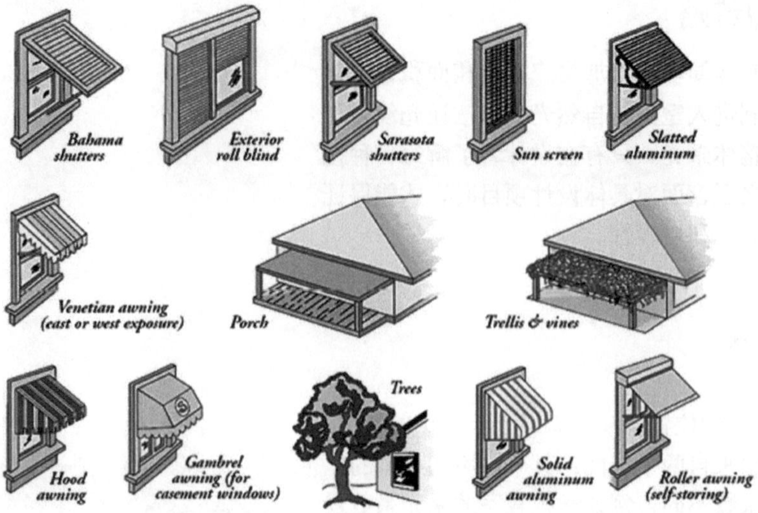

图 8–21：各种类型的固定遮阳方式。

图 8–22. 如果遮阳装置可调节角度，利用率更高。

然不同，如图 8–20 所示，同样的空间，不同面积、不同位置的窗户，光线的分布截然不同。建议设计之初，应对所设计的空间进行比较和分析，选择适合的窗户设计方案。

③ 窗户的材料

目前建筑中常见的窗户玻璃材料有透明玻璃、吸热玻璃、反光玻璃和低辐射玻璃。

透明玻璃是生活中最常见的窗户玻璃，特点是透光性好，但是不能有效减少室外热量。吸热玻璃的原理是吸收阳光中的短波辐射，从而减少进入室内的热量，但是当傍晚室外温度下降时，它会把室内的热量重新反射回室内空间。因为，一天中，傍晚时候室内的设备和人体所散发的热量正好达到最高值，结果，吸热玻璃比透明玻璃带来的热量还多。之后，研究者发现在吸热玻璃上涂一层色彩，如棕色、灰色或绿色，可以有效地减少长波光线投射的数量，但是有色吸热玻璃同时降低了室内的亮度，所以不得不通过增加窗户的面积，来获得更多的自然光，另外透过有色玻璃来观察外界，会影响人的心理健康，所以有色吸热玻璃只在 20 世纪 70 年代非常流行，现在的建筑上很少见到这种玻璃。

反光玻璃在减少光线进入室内的同时，又不会像吸热玻璃那样影响视觉效果，但是这种玻璃减少短波的同时也阻挡了长波进入室内，换言之，这种玻璃消除了多余的热量，但是也失去了高质量的自然光。这类玻璃适用于不希望有额外热量进入室内又不能安装室外遮阳装置的窗户。

低辐射玻璃中有一层薄膜，其光线的透射比率高于热量的透射比率，它可以把室内的热量反射回去，减少热量散发，

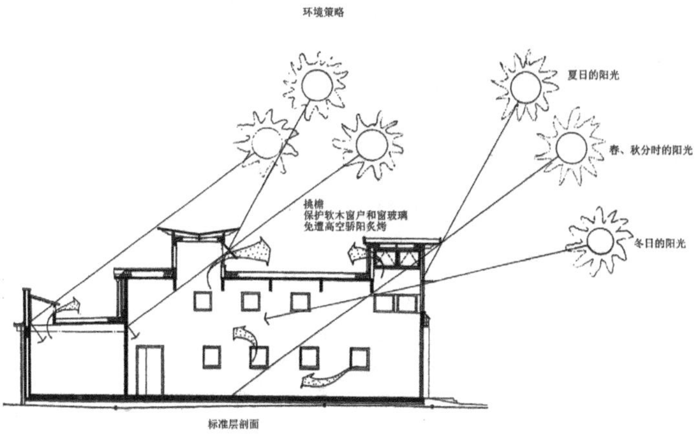

图 8-23：根据不同季节太阳高度，设计固定遮阳装置。

外观又近似于透明玻璃，因此它非常适用于那些需要利用自然光照明又要减少阳光带来过多热量的地域。

除去以上几种常见的玻璃外，还有一些新研发的窗户材料，如“智能”玻璃窗，将高质量的透明或低辐射玻璃，双层或三层结合在一起，并结合易于控制的遮阳设备，根据需要进行调节，可以更好的为人们提供自然光。

(2) 遮阳方式设计

固定遮阳方式：水平且固定的遮阳装置，如屋檐、窗檐，可以非常有效地遮挡南边的窗户，但是当太阳的方位角超过 8° 时，此种遮阳装置就不再有效。而东面和西面的窗户需要一些竖直的遮阳装置，因为太阳的高度角较低。

可移动遮阳方式：首先，可移动遮阳装置可以根据室外光线的变化进行调节，可以最充分地利用太阳能和阳光，同时又可以遮挡刺眼的强光和多余的热量；其次，在冬天，遮阳装置可以关闭，从而减少热量的损失。因此室外遮阳装置优于固定遮阳装置。而室内遮阳装置，如百叶窗也可以阻止阳光进入室内，不过最好是选择表层带反光涂料的百叶窗或窗帘，降低室内温度的效果更显著。

植被遮阳方式：从环境的角度，最佳的遮阳方式是利用植被遮阳。落叶植物在夏天可以最大限度地遮挡阳光，到了冬天它们的叶子脱落，阳光又可以最大限度地进入室内。

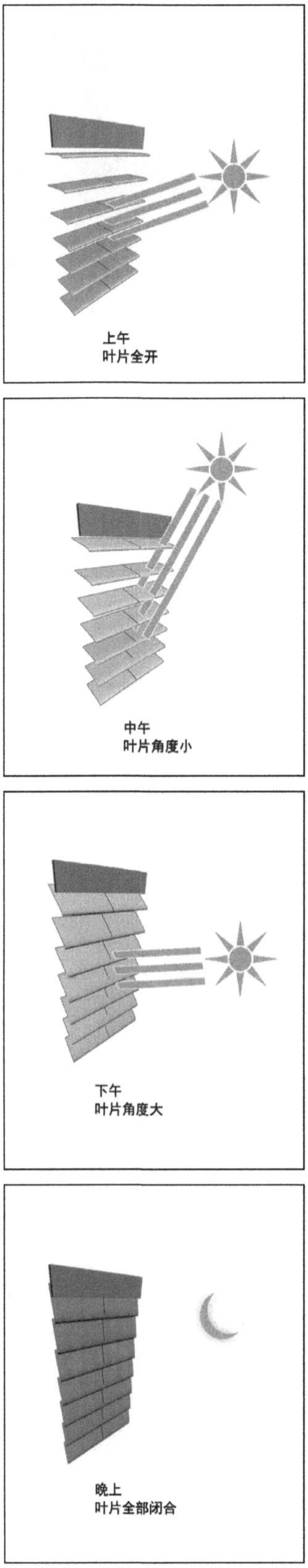

图 8-24、25、26、27：在一天中，百叶窗的开启角度与直射日光之间的关系示意图。

图 8-28：相对而言，固定遮阳装置更适用于住宅。

图 8-29：利用植物遮阳。

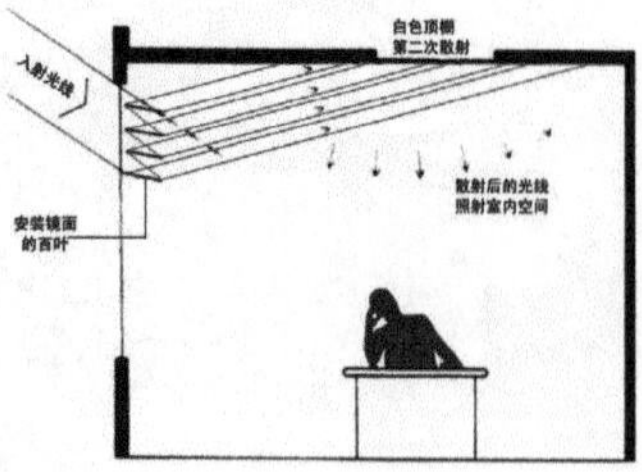

图 8-30：日光经棱镜玻璃折射到室内顶棚，再由顶棚反射到整个空间，提高室内亮度。

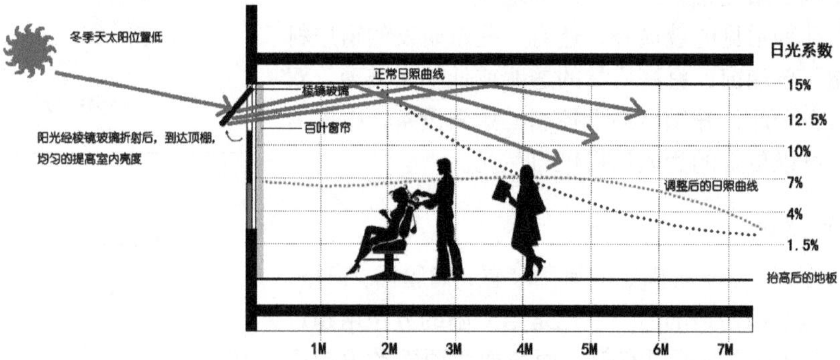

图 8-31：冬季，利用棱镜玻璃装置将更多的日光引入室内。

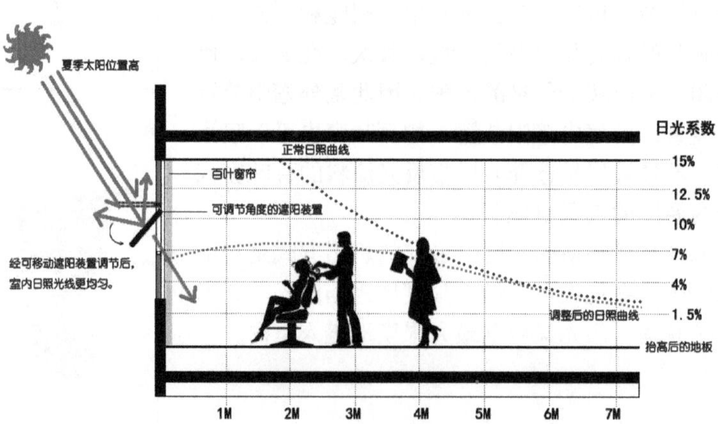

图 8-32：夏季，利用可调节角度的遮阳装置减少直射光进入室内。

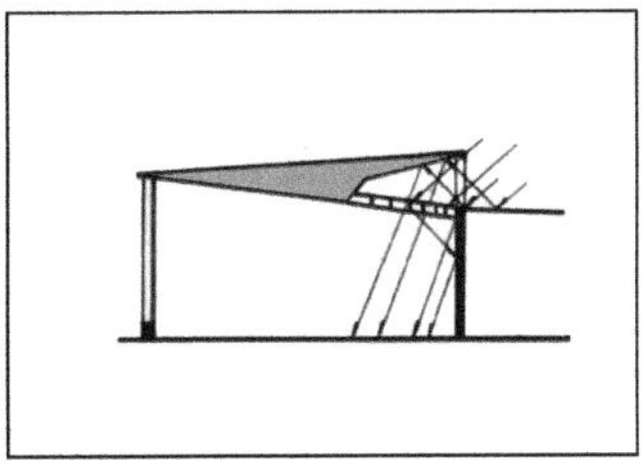

图 8–33

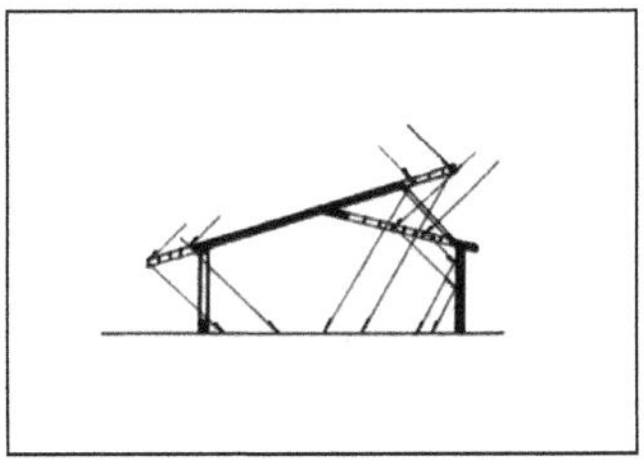

图 8–34

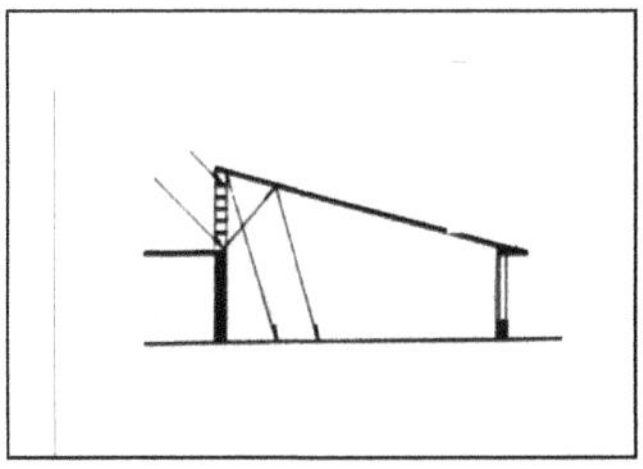

图 8–35

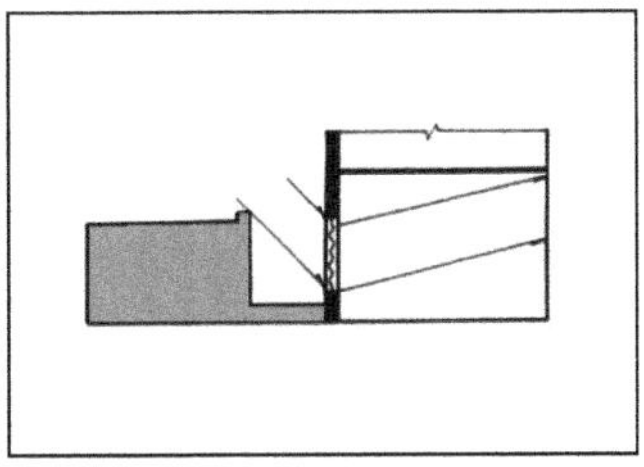

图 8–36

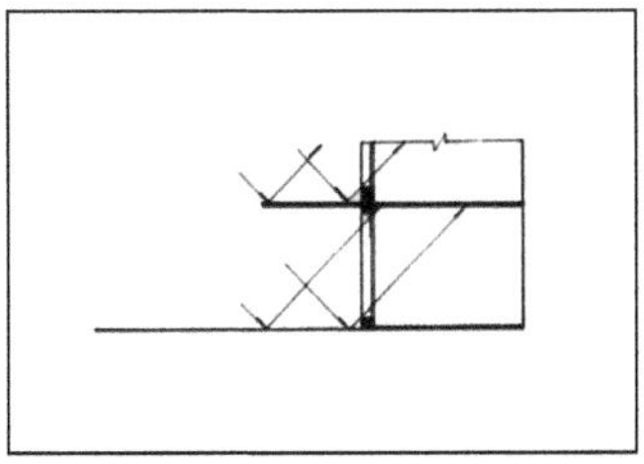

图 8–37

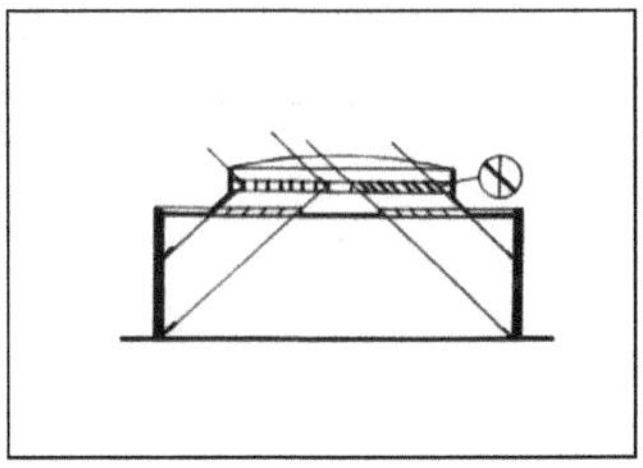

图 8–38

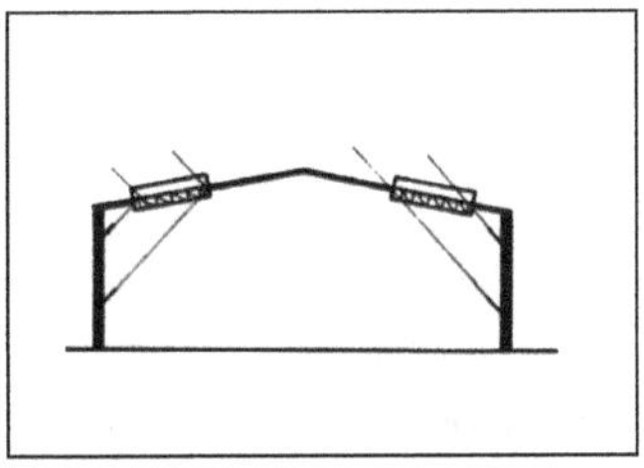

图 8–39

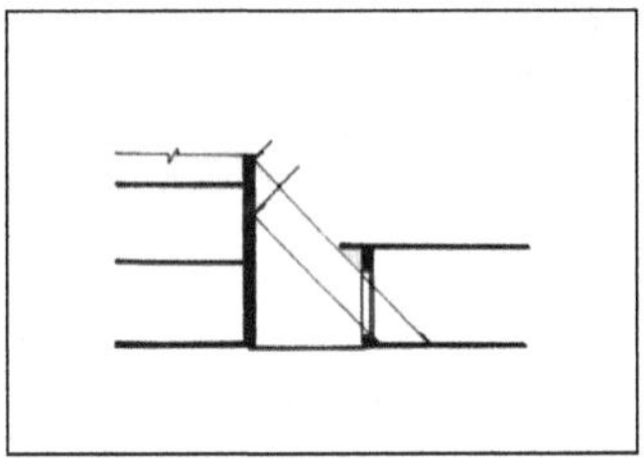

图 8–40

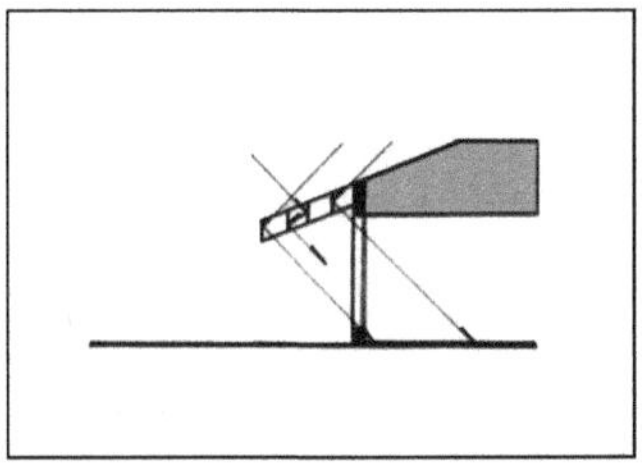

图 8–41

总体而言，在过去，人们更多地选择固定遮阳方式，原因是成本低、维护方便，但是从使用效率的角度来看，除了南面外，在其他立面上，可移动遮阳装置的功效都比固定遮阳装置要高，可以获得更优质的自然光，同时能有效地获取热量和节约能源。

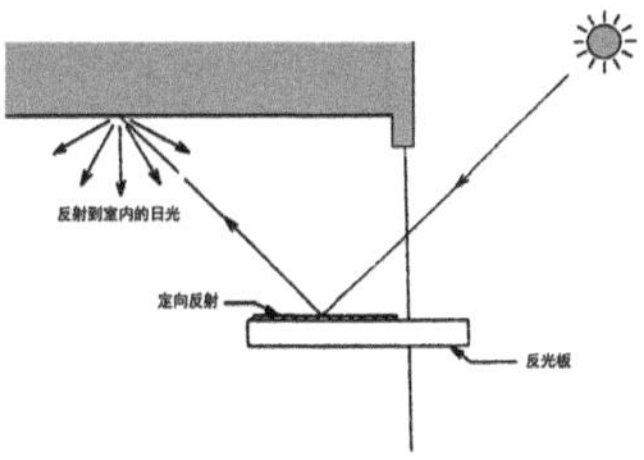

图 8–42：在反光板上安装定向反光装置，将日光引向固定的位置。

(3) 反光装置设计

利用光线的反射特点，在建筑外或室内设计反光装置，可以有效地提高室内自然光的照度和均匀度。

设计者可以参考以下几种反光板的设计形式：

① 利用涂有反射涂料的反光格片，如图 8–33 和图 8–34。

② 利用棱镜玻璃改变光线方向，调整室内光线，如图 8–35 和图 8–36。

③ 利用雨罩、阳台或地面的反射光，如图 8–37。

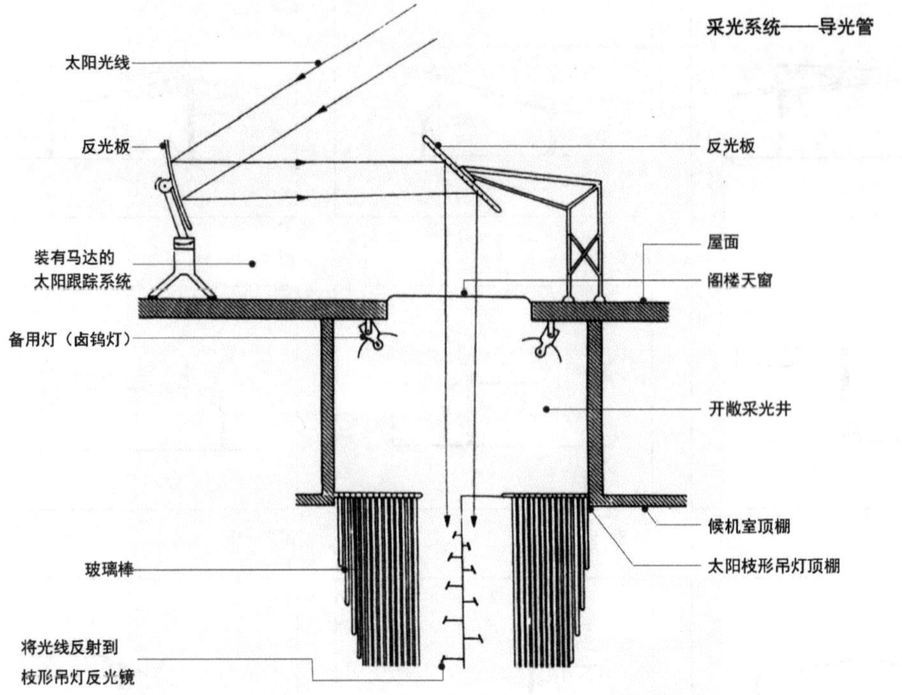

图 8–43：采光系统中的导光管设计原理图。

④ 利用固定的或移动的调光板调整室内光线，如图 8–38、39。

⑤ 利用窗户对面的建筑提供的反射光，如图 8–40。

⑥ 利用反射板增加室内照度，如图 8–41。

(4) 导光管设计

利用光的反射和折射特点，在建筑内外设置透镜和反光镜，从而将自然光引入室内。

导光管装置特别适用于那些开窗困难的高大空间、禁止出现直射阳光或者藏于地下的建筑空间。其建设成本和维护费用高于前面几种控制光线的方法，如图 8–43 所示。

5. 自然光设计程序

策划一个较为系统与完整的采光设计方案，首先，要到现场实测照度，考察此空间的方位、窗户朝向、窗外的景观；其次，在分析这些基本信息之后，提出初步采光方案，确定窗户的位置和面积；再次，在借助模型预测之后，调整窗的位置与大小，如果还未达到理想效果，可以利用照明设计软件模拟，选择合适的遮阳装置控制直射光，防止眩光的产生。至此，自然光设计方案完成，开始进入人工光设计程序，详情见第九章第八节。

6. 优秀自然光设计案例赏析

(1) 案例 1

名称：听觉治疗中心改建

地点：美国，加利福尼亚州

设计师：Aleks Istanbullu Architects

设计理念：

这项改建设计的目的非常明确：提高自然光的质量和利用率，并且改善这幢建筑的能源循环系统。

设计师针对这样的需求，制定出这幢建筑的光环境设计策略：尽可能减少太阳的直射光，以间接漫反射的自然光为主，以提高该建筑白天的光线质量，为患者和医护人员提供舒适和高效的光环境。

如图 8-44、45、46 所示，设计师利用带坡度的天窗，并采用磨砂玻璃使得室内光线充足、明亮却不刺眼。

如图 8-47、48、49 所示，为了营造出白天的照明效果，

图 8-44

图 8-45

图 8-46

图 8-47

图 8-48

图 8-49

设计师同样采取漫反射照明方式，增加间接照明灯具，减少直射照明灯具，并且均采用低反射比的材料制作顶棚与地面，以防止眩光对患者的干扰。

改造后的治疗中心，白天依赖于优质的自然光，减少人工光的使用，节约用电，晚上以高效的漫反射人工光为主，同样也节约不少电量，对于这样一个非营利机构来说，这样的设计方案再合适不过。

(2) 案例 2

名称：纽约大学哲学系建筑室内改建

地点：美国，纽约市华盛顿五区

设计师：斯蒂文·霍尔（Steven Holl）

设计理念：

由于设计师从光的层面开始思考这座建筑的改建方案，设计师给这次的改建项目起了一个浪漫的名字——“楼梯间的彩虹”，而这道彩虹并非虚拟，而是实实在在存在于这幢哲学系的大楼中。如图 8-50、51、52 所示。

霍尔是位深谙哲学的建筑师，他在读完路德维希·维特根斯的《论色彩》这本书后，萌生了为这幢哲学系的大楼创造出在天然的色彩下思考哲学的想法。于是就出现了贯穿室内的带有空洞表皮的、似乎可以折叠的楼梯，现在这楼梯已成为了整座建筑的骨干，每个经过楼梯的学生都可以领悟到霍尔对自然的思考。

如图 8-51，楼梯间所有的墙都被刷成纯白色，为塑造光影提供了绝佳的载体，为了引入自然的色彩，建筑师在窗户上安装了菱形导光管，当直射光通过这个导光管时，就会在楼梯间不同的墙面上创造出美妙的彩虹，在一年中不同的

图 8-51

图 8-50

图 8-52

图 8-53

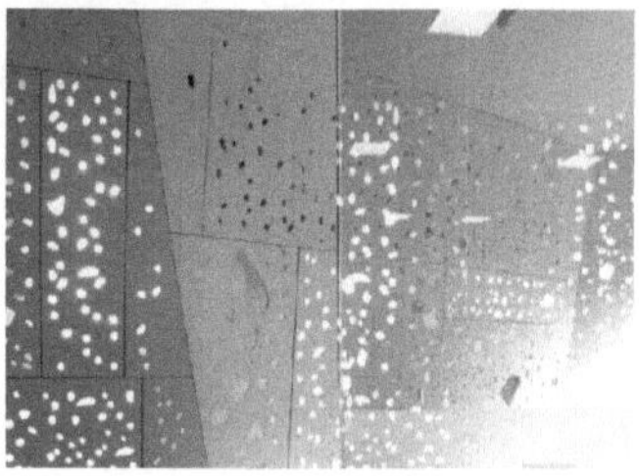
图 8-54

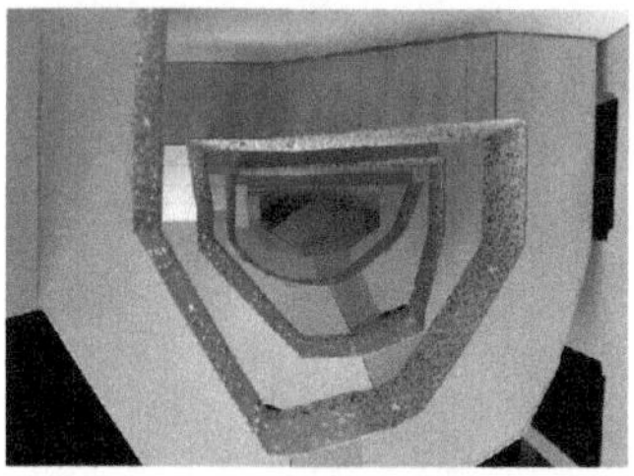
图 8-55

季节和一天中不同的时间，墙上彩虹的位置和大小都不同。

事实上，该幢大楼里的每块面板都是霍尔精心设计的结果，他为了让自然光顺利地通过孔洞引入室内，形成不同的阴影和重叠效果，他制作了许多超大尺寸的模型，用激光刀尝试不同的形态，进行光的试验，以确保最终的效果。图8-53、54，为近看墙面上的空洞。图8-55，楼梯间的模型。图8-56，大面积的直射光与空洞的光影丰富了室内的光线。

图 8-56

图 8–57：无论在什么空间中，自然光的作用都是无法被人工光取代的。

本章重点与习题：

1. 为什么要重视自然光设计？
2. 自然光环境设计的特点有哪些？
3. 列举1～2种控制自然光的设计方法。

第九章 人工光设计策略

1. 人工光设计的目的

人工光设计的目的有两种，一种为功能性照明，另一种为氛围性照明。

功能性照明，目的是照亮环境，人们可以迅速有效辨别周围环境的特点。如图 9–1 所示，顶棚巨大的间接照明灯箱为展厅提供基础照明。

图 9–1

氛围性照明，其衡量标准较为主观，其目的是满足人们在情感上的需求，如图 9–2、3 所示，利用直射光线，突出沙发的特殊形态和打破墙面给人的单调感，烘托其艺术感。

图 9–2

图 9–3

2. 人工照明设计的主要任务

(1) 功能性人工照明设计的主要任务

① 为室内空间提供足够的照度，以便人们迅速有效获取信息。

② 防止光污染，降低对人的生理和心理健康的损害。

③ 避免任何形式的眩光。

④ 节约能源，选择高效、节能、适用的光源。

⑤ 灯具设计不能过于突兀，灯具外形设计要与建筑空间相匹配。

(2) 氛围性人工照明设计的主要任务

① 有利于促进人际交流。

② 营造舒适宜人的光环境。

③ 满足人们审美层面的需求。

④ 消除人们的紧张情绪，保持轻松的心情。

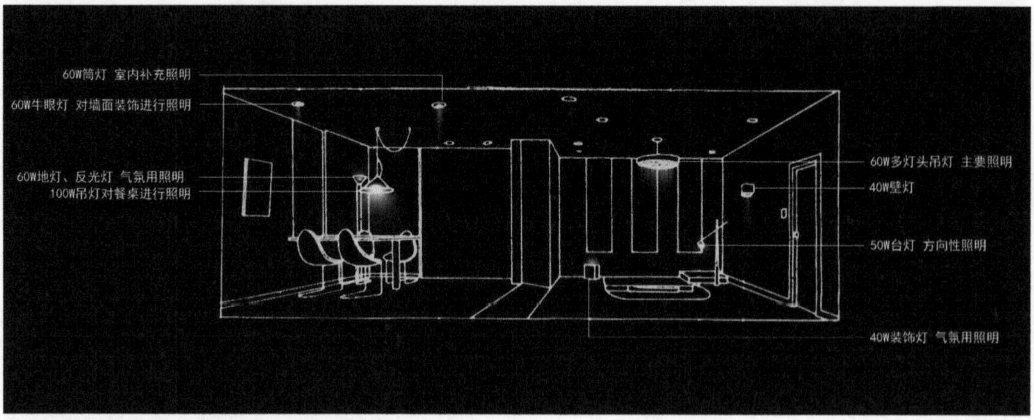

图 9-4：透视图结合剖立面图，分析光的分布范围。

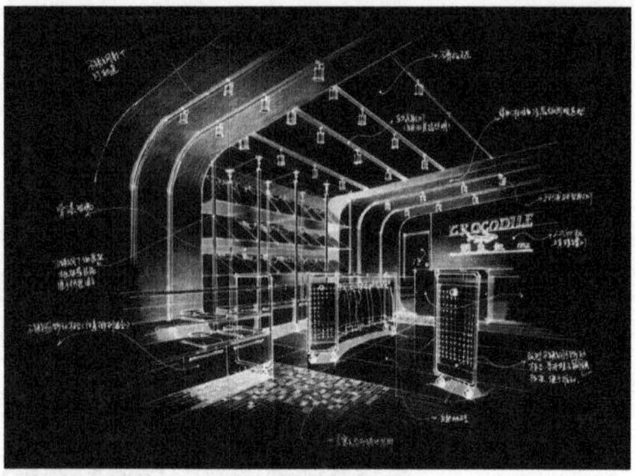

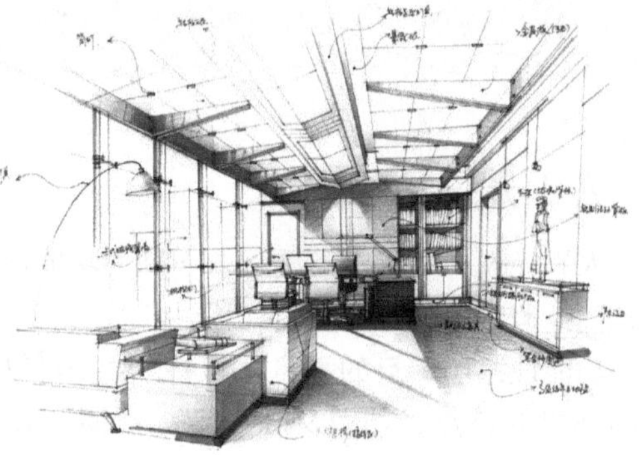

图 9-5、6：通过不同形式的手绘草图分析照明方案。

3. 人工光照明设计程序

通常情况下，人工光照明设计必经以下四个阶段：方案设计阶段、施工图设计阶段、安装和监理阶段、维护和管理阶段。

大体而言，这四个阶段的先后顺序不可颠倒，但是各个阶段中的若干小环节之间会出现重复。在实际工程中，这种反复推敲、论证、修改的现象再平常不过，不仅如此，各个小环节的设计工作做得越充足，越能体现设计者的创新能力、整合资源能力、管理能力，越能使各个阶段的设计进行顺利。

(1) 方案设计阶段

在方案设计阶段，设计者通过以下三种途径推进设计工作：

途径一：绘制概念设计草图，包括建筑立面草图、剖立面草图、彩色空间草图等形式，通过这样的方式，帮助设计者确定照明方式、光线的分布形式、灯具与空间之间的关系。

途径二：制作等比例缩小的空间模型，用来考察建筑空间的自然采光特点。

途径三：利用照明设计软件模拟照明效果，鉴于利用绘画的方式表现光有一定的局限性，设计者可以借助计算机将想象中的照明效果表现出来，而且可以精确计算出光源的亮度、数量和位置。目前，国际上常用的照明设计软件包括 AGI 32、DIALux、Light Star、Lumen、micro、Autolux、Inspire 等。

	设计步骤	内容	参考途径
第一阶段：照明方案设计	1. 考察空间	明确空间的性质和使用目的	现场拍摄或模型模拟
	2. 照明方式	确定照明方式和光在空间中分布形式	手绘草图
	3. 选择光源	1. 确定照度 2. 确定光色效果	手绘草图或计算机模拟
	4. 选择灯具	1. 专门设计艺术型灯具 2. 选择通用型灯具	市场调查
	5. 照度计算	平均照度计算和直射照度计算	手动或照明设计软件

图 9—7

在此阶段设计师应注意以下几点：

第一，因为不同类型的空间对照度的要求不同，如果在考察空间阶段对空间的规模和功能性质了如指掌，后面就能事半功倍。例如，办公区的照度范围是 100lx ～ 200lx，而工作台的照度要求更高，在 150lx ～ 300lx 之间。

第二，考察建筑或空间的硬件环境。例如窗户的位置、电箱的位置、最大用电瓦数、吊顶的高度等客观条件。

图 9—8、9、10、11、12：通过制作等比模型，分析自然光对建筑的影响。

第三，协调自然采光与人工光的关系。如果室内白天自然采光不够，需要补充人工光。在开始进行人工照明设计时，设计者已经完成对自然光设计方案。从舒适角度和节能角度，设计方案应重视对建筑空间中自然光的利用。

第四，考虑背景亮度和被照物体亮度之比。

第五，考虑所选灯具的热辐射对周围物体的影响和室温影响。

第六，在考虑照明方式时，应选择合适的照明方法防止眩光。

(2) 施工图设计阶段

在绘制灯位图之后，设计师应拟定灯具采购表，如图9—13、14。

	设计步骤	内容
第二阶段：施工图设计	1. 确定光源的位置	绘制灯位图
	2. 确定灯具	列出灯具采购表
	3. 确定配电系统	确定电压 确定配电盘分布 确定电线种类 确定布线网络和铺设方法

图 9—13

序号	品种	数量	单位	单价	合计	备注
1	牛眼射灯	5	套			50w
2	荧光灯管	10	套			25w
3	LED灯带	20	套			8.8w
4	LED灯调光控制台	1	套			
5	节能吸顶灯	4	套			25w
6	回路控制箱	1	套			4回路
7	线缆	300	米			多种线径
8	电器辅料	1	项			

图 9—14

注意事项：

第一，在绘制灯位图时，尽可能在图纸上标出灯具的特性、控制线路和开关方式等。

第二，在确定灯具的位置时，应注意使灯具与建筑墙体保持一定距离，并注意与吊顶中其他水暖电设备的关系。

第三，在制定灯具采购表时，要注明灯具的名称、图纸的编号、灯具的类型、功率、数量、型号、生产厂家等信息，因为这个表格除了便于采购灯具，更重要的是方便将来维修与管理。

配电箱
异位双控开关
侧放筒灯
单控开关
镜前灯
装饰壁灯
双控开关
三控开关
电源插座
防水电源插座
空调插座
电话插座
防水电源插座
宽带网插座
普通花灯
防潮灯
射灯
吸顶灯
筒灯
日光灯
软管灯

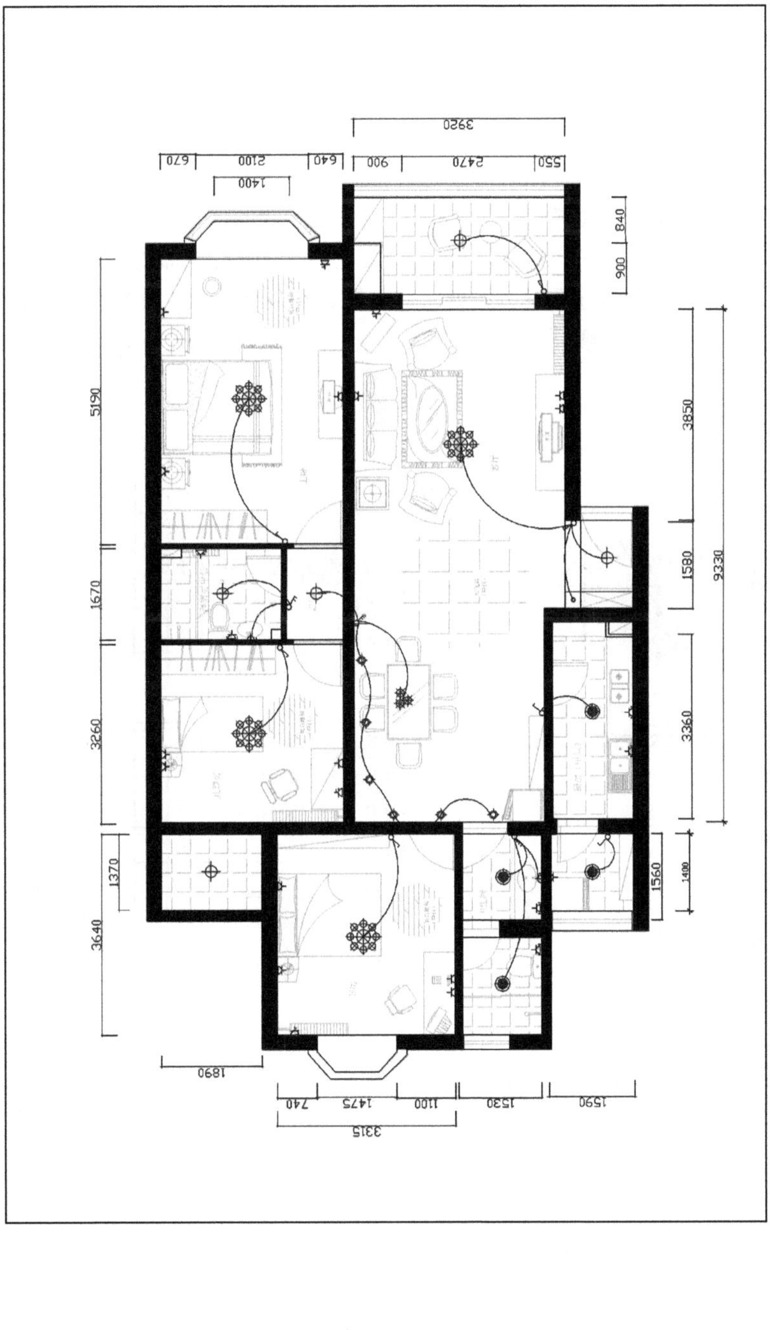

图 9-15：灯位图。

(3) 安装和监理阶段

	设计步骤	内容
第三阶段：安装和监理	1. 确定灯具安装方法	绘制灯具安装详图，包括安装的形式、材料和结构
	2. 确定现场管理办法	绘制调光指示图

图 9-16

注意事项：

第一，在绘制灯具安装详图时，以 1：5 或 1：10 的比例进行绘制，在图纸上标明所需要的光学控制技术、形状、尺寸和材料等信息，如果灯具与建筑发生关系，一定要在图纸上准确地反映灯具与建筑之间的关系，如图 9-17、18、19 所示。

第二，在绘制调光指示图之前，设计师和灯具安装人员进行有效率地沟通。调光指示图（如图 9-20 所示）非常有必要，这张图有利于设计师时常从整体上协调不同区域之间的照度关系。

第三，请灯具安装人员一定要按照设计师的图纸与灯具清单来进行安装，如果有问题，可以在图纸上作标记，待设计师来修订。

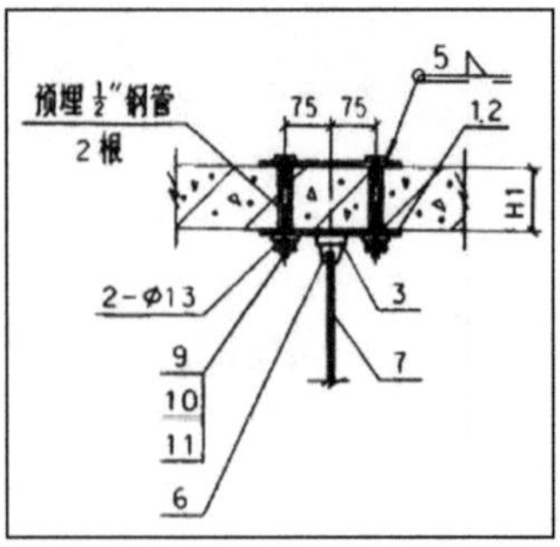

图 9-17：安装方式一。

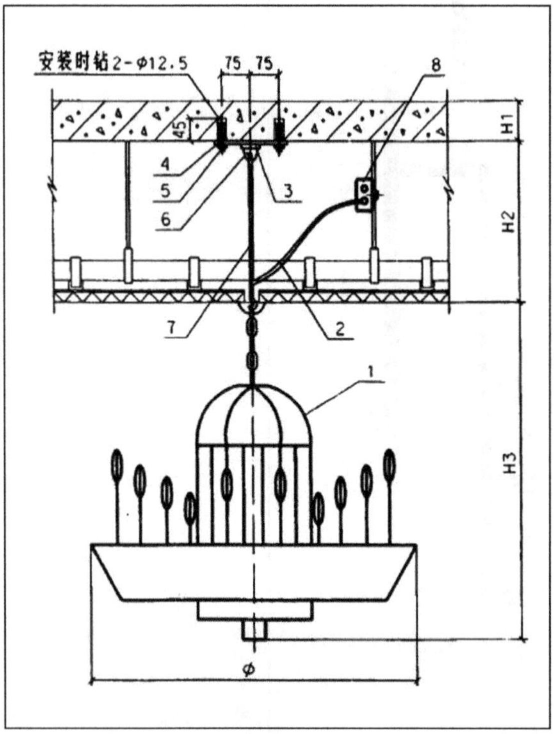

图 9-18：吊灯安装详图，安装方式二。

编号	名称	型号及规格	单位	数量	页次	备注
1	灯具	由工程设计定	套	1		最大重量 150kg
2	P3型镀锌金属软管	内径 25mm	根	1		GB3641-83
3	固定座	40×40，δ=20	个	1		
4	固定板	100×60，δ=8	个	1		用于Ⅰ型
5	钢膨胀螺栓	M8×100	套	2	59	用于Ⅰ型
6	螺钉	M10	个	1		GB825-88
7	吊杆	φ16，L=H2+135	个	1		
8	接线盒	由工程设计定	个	1		
9	螺栓	M12×(H1+45)	个	2		GB5780-86 用于Ⅱ型
10	螺母	M12	个	4		GB6170-86 用于Ⅱ型
11	垫圈	12	个	2		GB95-85 用于Ⅱ型
12	固定板	200×50，δ=8	个	2		用于Ⅱ型

图 9-19：图例注释。

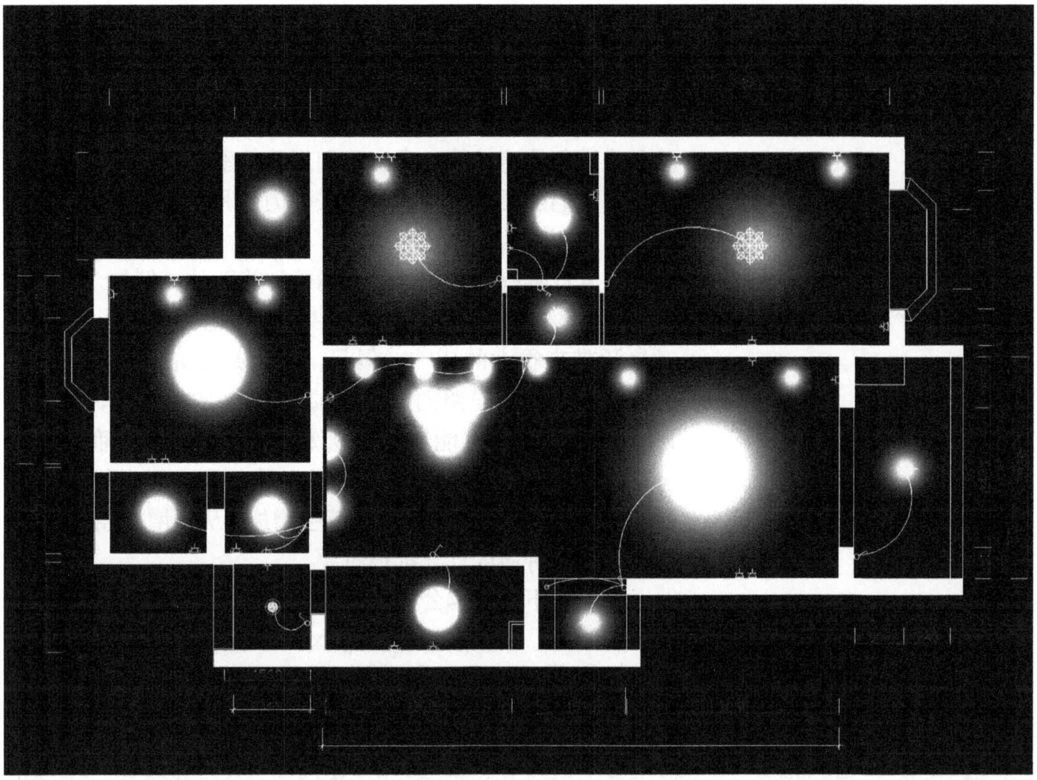

图 9-20：现场调光指示图

第四，为确保最终的照明效果达到设计师的预想，设计师应在现场指挥调光。

第五，当设计师要改变照明图纸时，应该提前与电气工程师、建筑师以及现场监督施工的工程师进行商讨，以保证自己的照明设计构思能够变为现实。

(4) 维护和管理阶段

	设计步骤	内容
第四阶段：维护和管理	1. 整理照明产品资料	包括灯具、线路、开关和配电箱的详细资料
	2. 确定灯具维护办法	明确管理人员的任务和责任
	2. 安全问题说明	制定防火、防水、防触电等安全措施
	4. 经济问题说明	核定维护的固定费用、用于清洁和更换的费用

图 9-21

注意事项：

第一，制订维护计划是非常有必要的，因为一些通用型灯具的寿命可能因维护不当而缩短，造成资源浪费。

第二，在高大空间中的灯具维护起来需要特殊的升降设备，灯具维护人员不仅要清理好灯具，还要学习操作这些升降设备。

第三，制作一份维护和管理的费用清单，交给管理者。

4. 平均照度计算

在做室内照度计算时，可以利用系数法计算平均照度。如果我们已知利用系数“CU”，则可以方便地利用一个经验公式进行快速计算，求出我们想要的室内工作面的平均照度值。我们通常把这种计算方法称为“利用系数法求平均照度”，也叫流明系数法。

照度计算有粗略的计算和精确计算两种。例如，一般住宅的整体照度应该在 100lx，如果实际情况是 90lx，也不会对生活带来很大的影响。但是，如果是道路照明的话，情况就不同了。假设路面照度必须在 20lx 的情况下，如果是 18lx 的话，就有可能增加交通事故发生的机率。商店也是一样，例如，商店的最佳平均照度是 500lx，如果用 600lx 的照度，照明灯具数量和电量就会增加，从而增加经济成本。所以，这两种照度计算都很重要。

可以用下列基本公式粗略地计算地板、桌面、作业台面的平均照度，估算出灯具照度 lx= 光通量 lm/ 面积 m^2，即平均 1 勒克斯(lx)的照度，是 1 流明(lm)的光通量照射在

以下十九张剖立面图表现了人工光环境设计项目中常见的灯具安装方式。圆点表示光源的位置，带箭头的直线表示出光方向，灰色的区域表示墙面或顶棚，请注意灯具与墙面、顶棚之间的结构关系。

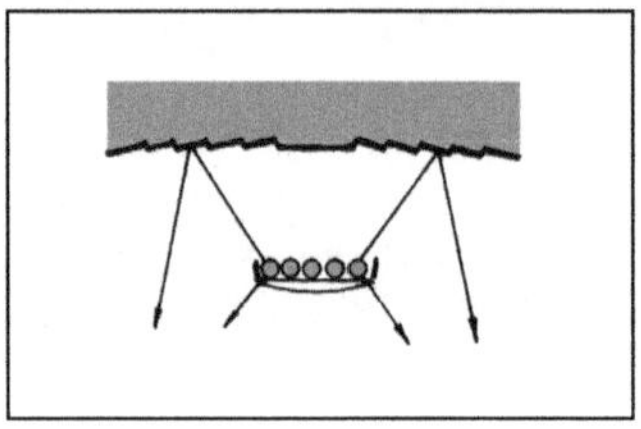

图 9—22

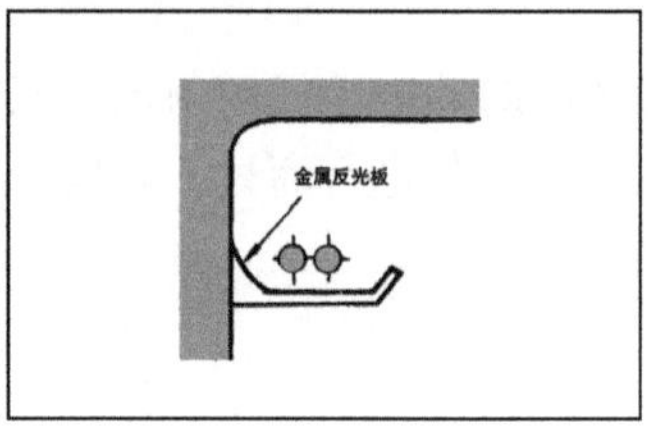

图 9—23

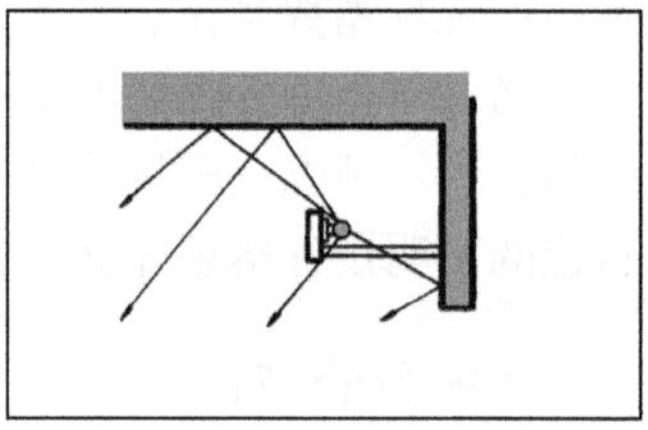

图 9—24

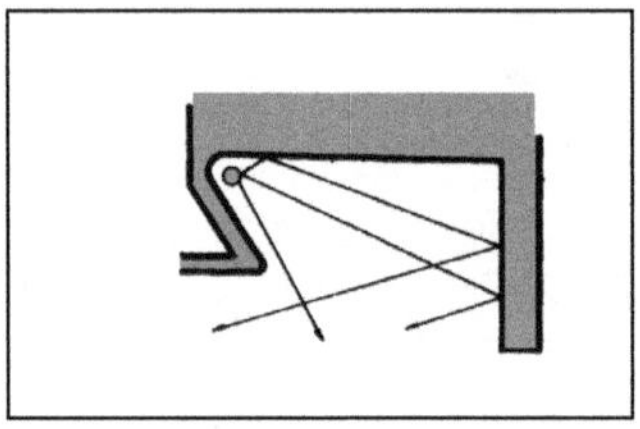

图 9—25

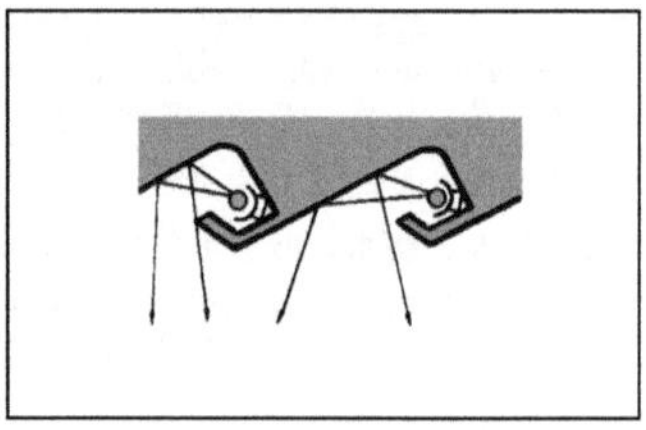

图 9—26

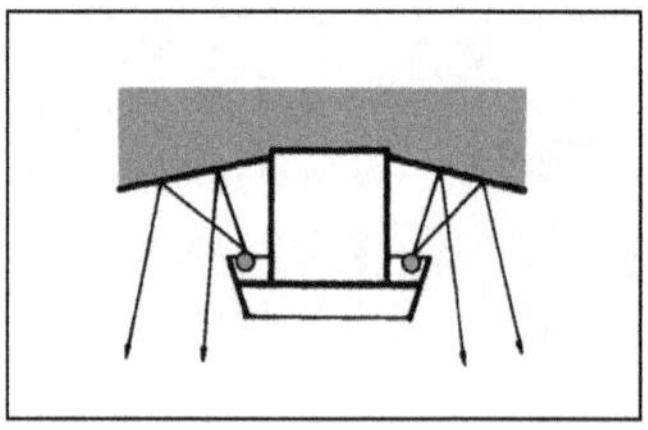

图 9—27

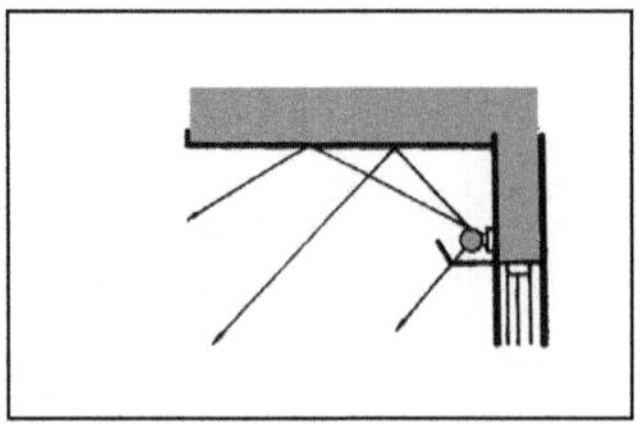

图 9—28

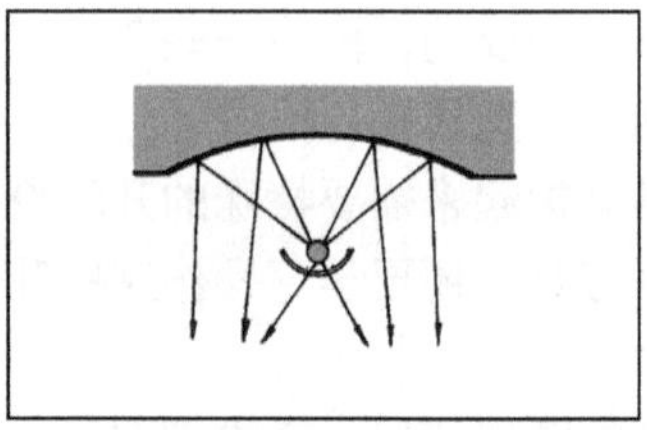

图 9—29

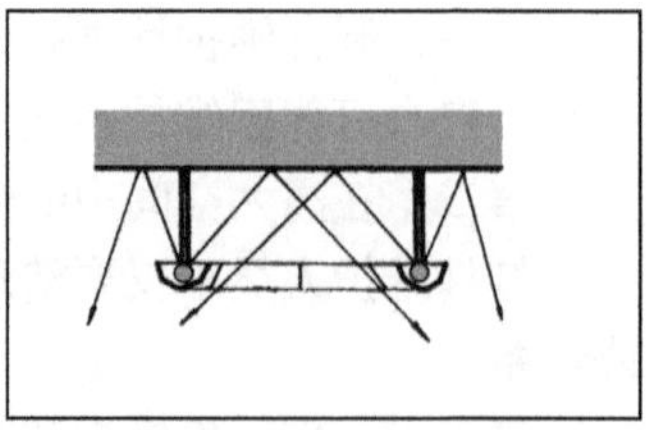

图 9—30

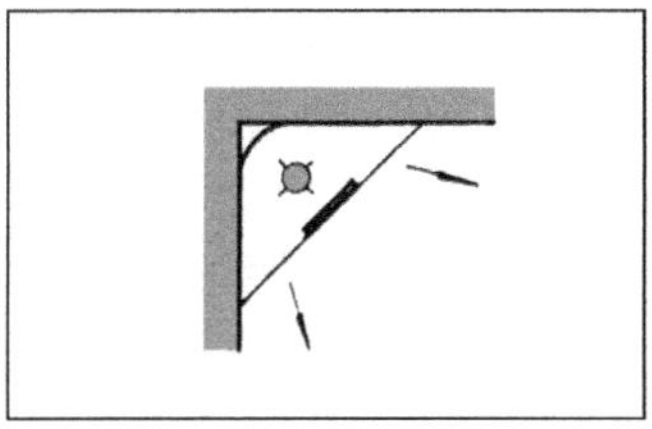
图 9—31

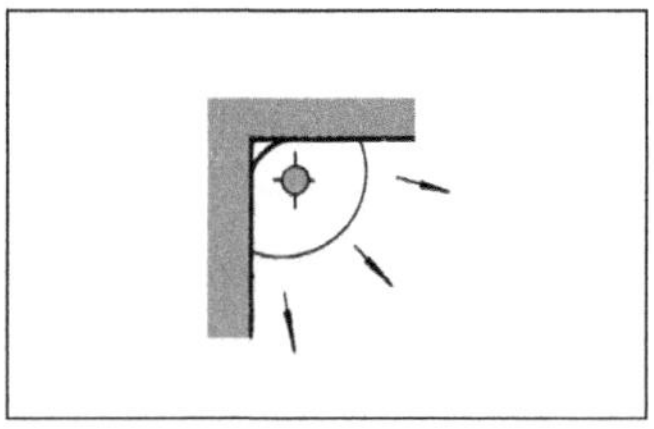
图 9—32

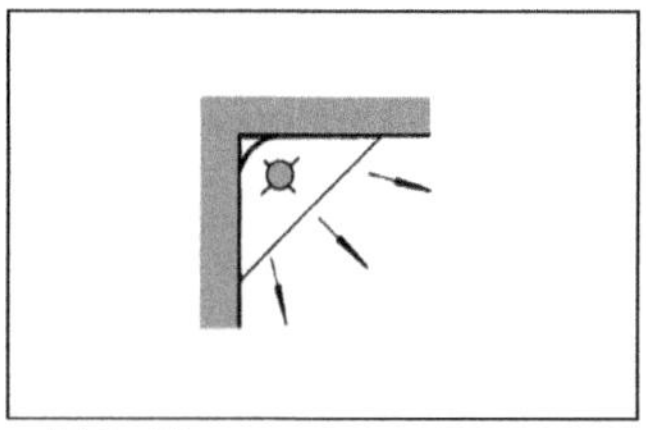
图 9—33

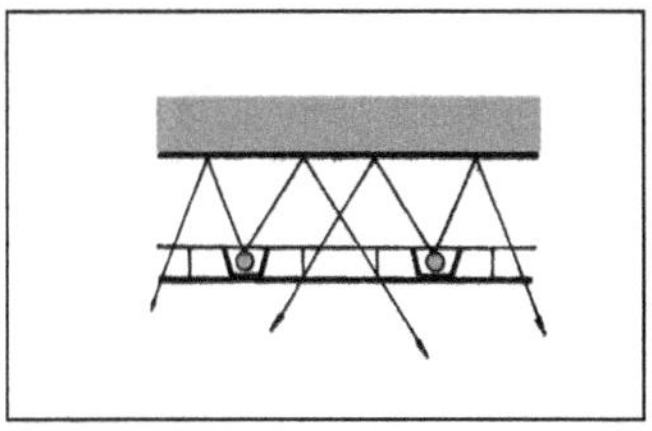
图 9—34

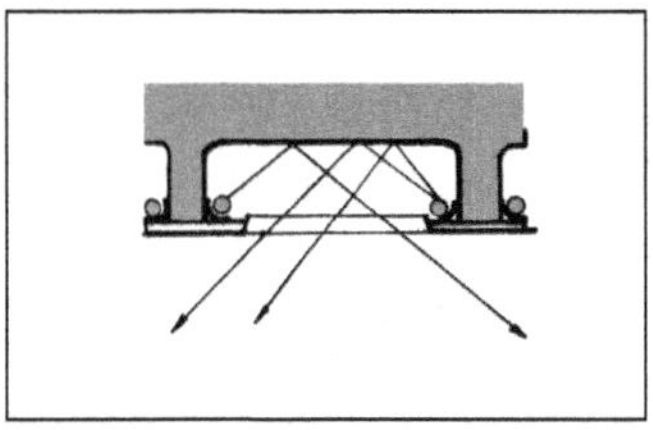
图 9—35

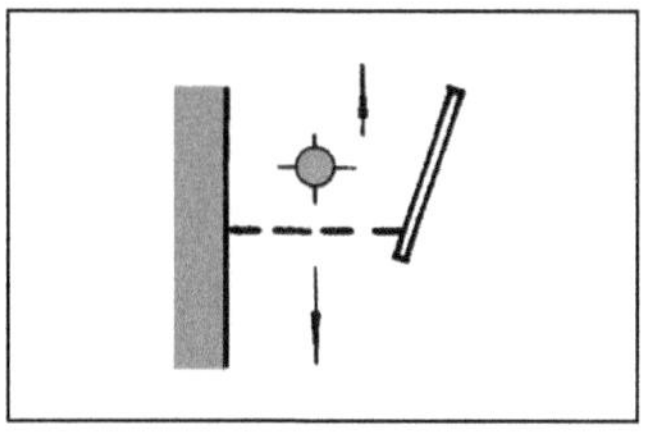
图 9—36

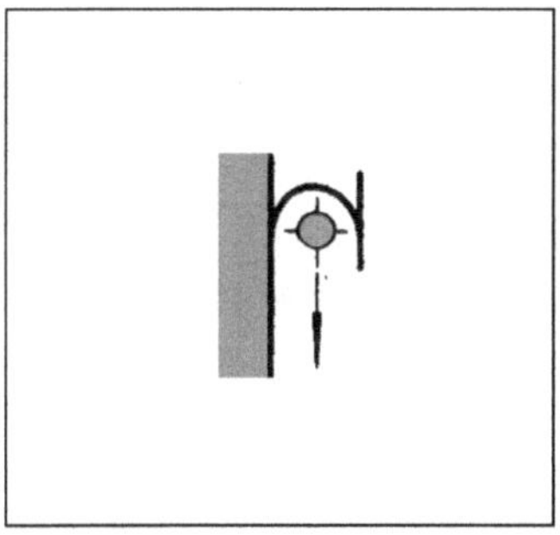
图 9—37

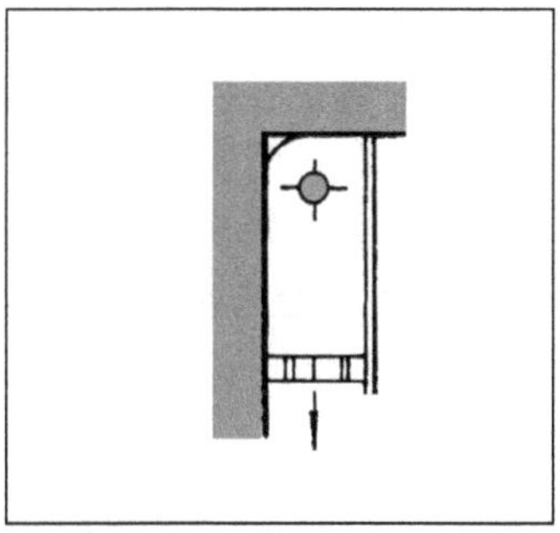
图 9—38

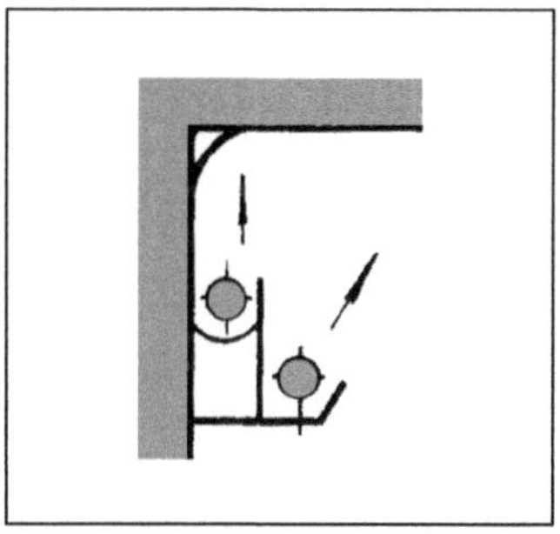
图 9—39

1 平方米 (m^2) 面积上的亮度。

套用这种方法，可以求得房间地板面的平均照度，计算公式如下：

平均照度 (Eav)= 单个灯具光通量 Φ × 灯具数量 (N) × 空间利用系数 (CU) × 维护系数 (K) ÷ 地板面积 (长 × 宽)

公式说明：

① 单个灯具光通量 Φ，指的是这个灯具内所含光源的裸光源总光通量值。

② 空间利用系数 (CU)，是指从照明灯具放射出来的光束有百分之多少到达地板和作业台面，所以与照明灯具的设计、安装高度、房间的大小和反射率相关，照明率也随之变化。例如常用灯盘在 3m 左右高的空间使用，其利用系数 CU 可取 0.6 ~ 0.75 之间；而悬挂灯铝罩，空间高度 6 ~ 10m 时，其利用系数 CU 取值范围在 0.7 ~ 0.45；筒灯类灯具在 3m 左右空间使用，其利用系数 CU 可取 0.4 ~ 0.55；而像光带支架类的灯具在 4m 左右的空间使用时，其利用系数 CU 可取 0.3 ~ 0.5。以上数据为经验数值，只能做粗略估算用，在此仅做参考，如要精确计算具体数值需由公司书面提供相关参数。

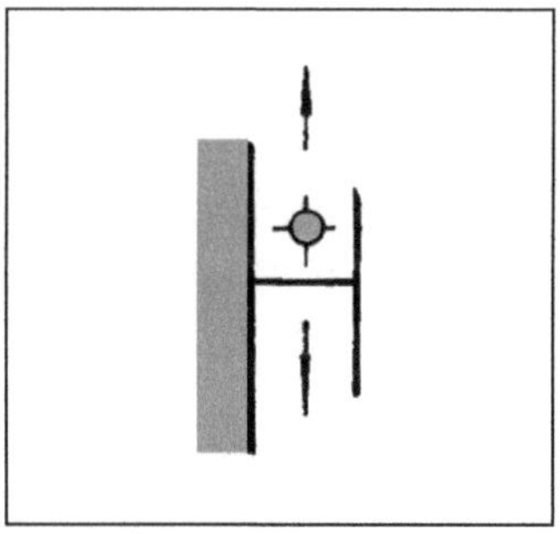
图 9—40

③　维护系数(K)是随着照明灯具的老化，灯具光的输出能力降低和光源的使用时间的增加，光源发生光衰；或由于房间灰尘的积累，致使空间反射效率降低，由于这些原因致使灯具的照度降低，所以需要乘上的一个维护系数。一般较清洁的场所，如客厅、卧室、办公室、教室、阅读室、医院、高级品牌专卖店、艺术馆、博物馆等维护系数K取0.8；而一般性的商店、超市、营业厅、影剧院、机械加工车间、车站等场所维护系数K取0.7；而污染指数较大的场所维护系数K则可取到0.6左右。

5. 人工照明环境模拟设计

优秀的照明设计不仅仅是靠设计者的直觉和经验，还需要科学而精确的计算。

随着现代科技的发展,我们可以采用的技术也越来越多,其中，电脑照明模拟软件技术的发展，为自然光和人工光设计提供了重要的技术手段和参考数据。

国外已经有很多成熟的专业照明计算软件，如AGI 32、DIALux、Light Star、Lumen 、micro、Autolux、

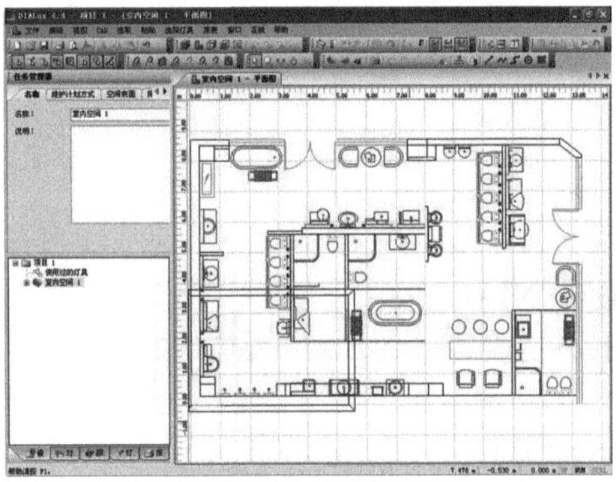

图 9-41：导入建筑平面图。

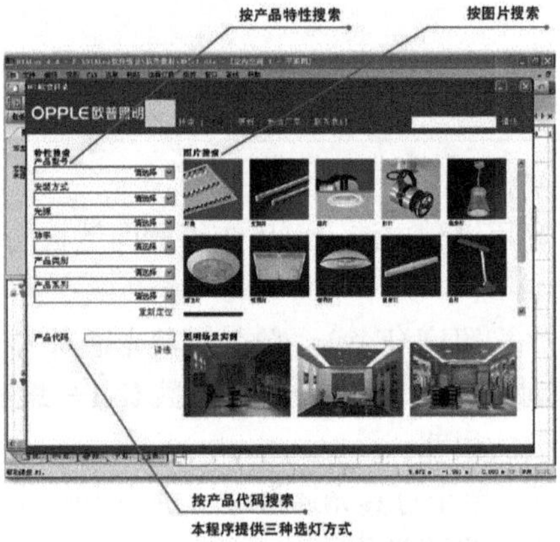

图 9-42：安装灯具插件后（如欧普）

图 9-43：选择合适的灯具。

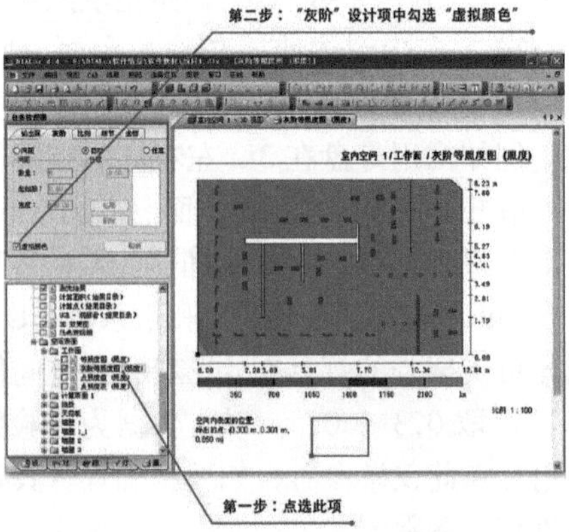

图 9-44：调整灯具的照度和灰阶参考值。

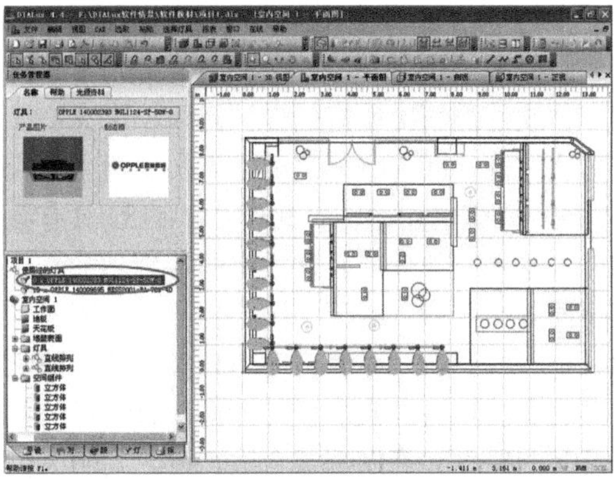

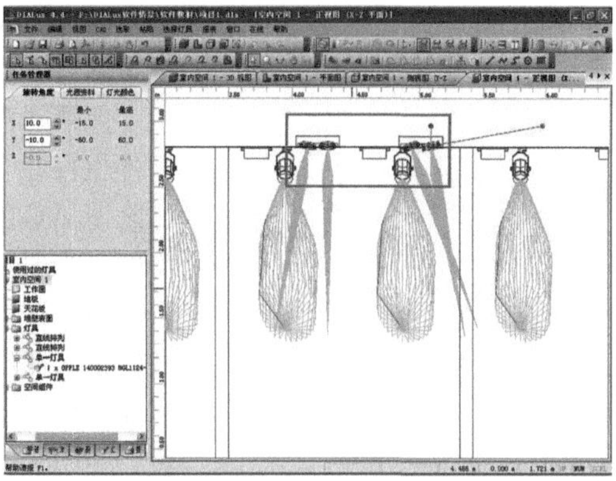

图 9—45、46：布置灯具，顶面视图和立面视图效果。

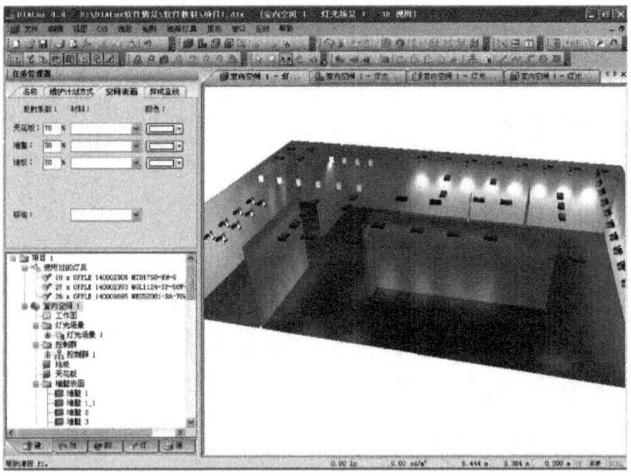

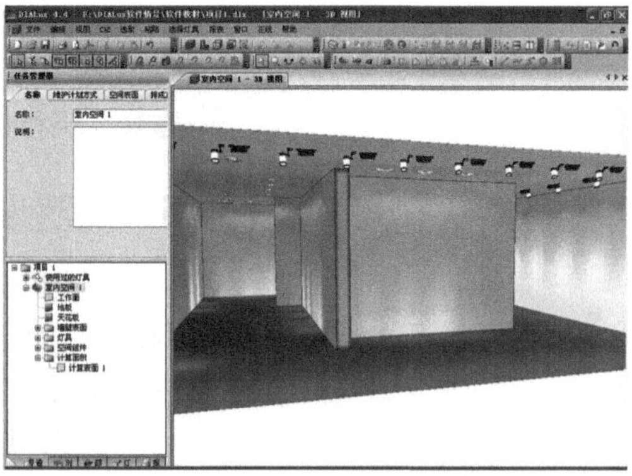

图 9—47、48：效果图输出，鸟瞰视图和透视图效果。

Inspire 等。这些专业软件具有明显的优点：计算结果准确、可以引入各个灯具厂家的数据。但是，有些软件也存在一些缺点：界面使用不方便，或者灯具数据引入路径比较复杂，或者输出结果不够直观等。例如，AGI 只有英文版，国内的部分设计师学起来比较困难。

在这些软件中，DIALux 软件易于学习和操作，对已会使用 CAD 的人而言，学习 DIALux 很容易，以下重点介绍 DIALux 照明软件的特点。

DIALux 软件是由 Gmbh 这样的专业照明软件设计公司开发的，它提供了整体照明系统数据，减少设计师及工程师分析照明数据的问题。DIALux 可精确计算出所需的照度，并提供完整的书面报表及 3D 模拟图。善用软件的分析数据与模拟功能，可大幅提升照明设计者的工作效率与准确度。

在 DIALux 软件模拟中，由于使用了精确的光度数据库和先进、专业的算法，DIALux 所产生的计算结果将会十分接近今后真正使用这个灯具所形成的效果。这样，设计师可以在电脑中对自己的设计进行事前的“预演”，以此来评估设计的准确度，增强设计师对设计方案的理性认识和对效果量化数据的直接认识。

DIALux 不仅仅提供枯燥的数据结果，还能够提供照明模拟图片，如图 9–47、48 所示。

但是，没有一种软件能解决所有的设计问题，DIALux 软件也存在一定的决定性。DIALux 需要导入实体模型，相比之下 AGI32 不要实体模也能运转。此外，AGI32 具有独特的日光研究功能（这是其他任何软件没有的特别功能），可以研究照明在不同日光照射（晴天、阴天、半晴半阴天）条件下对照明的各种详细影响，而且会动态和实时的在渲染时显示变化。但凡有实际项目经验的设计者都有过同样的体验：在晴天时，灯具的照度和亮度都很合适，可一到阴天，光线的亮度明显不足，如果使用 AGI32 的日光研究参数，设计者就可以计算和模拟在不同天气条件下的照度和亮度的效果，从而提出最理想的照明方案，因此，AGI 软件更适合建筑和景观照明使用。

6．照明设计制图

与室内空间的其他类型制图一样，按照室内制图规范，利用 AUTOcad 软件绘制照明设计图，每张照明设计施工图中必须包含以下几个方面的内容：

① 灯具的位置，应标注每个灯具与墙面之间的距离。

图 9–49：照明设计图。

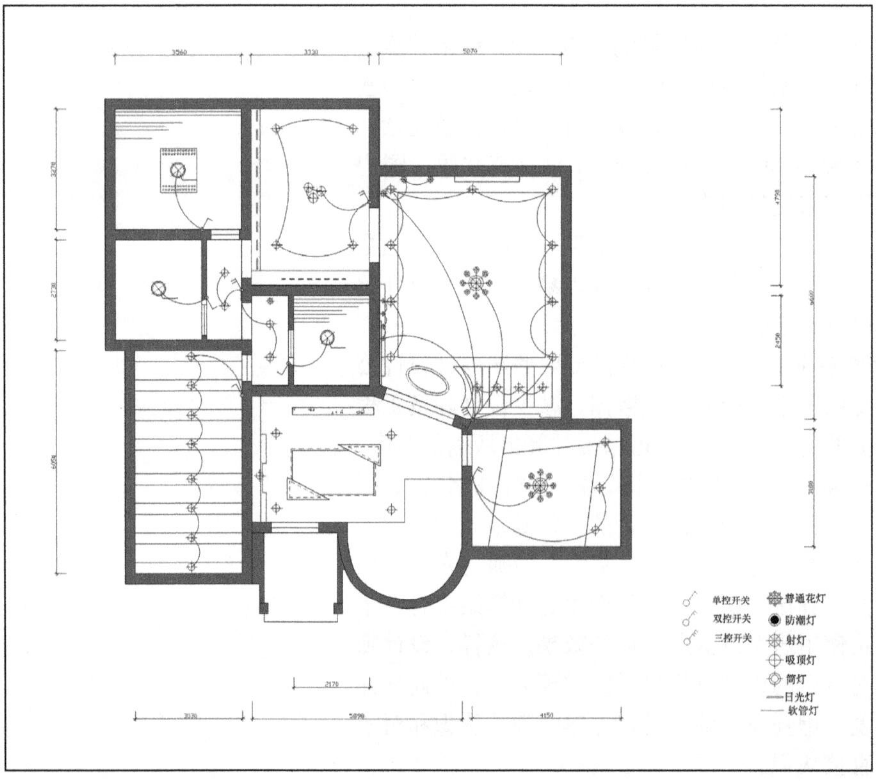

② 控制灯具的线路。

③ 灯具符号的注释图。

④ 控制灯具的开关，如单控、双控和多控。

7. 优秀设计案例

案例名称：HILLSIDE SU 酒店

设计师：著名设计师埃伦 · 塔卢（Eren Talu），土耳其

地址：土耳其旅游圣地安塔利亚（1Konyaalti，07050 Antalya，Turkey）

光环境设计理念：

酒店的名称来自土耳其语的水，体现了对清晰和透明的思考。白色是酒店的主色调，但塔卢通过一种眩目的光线打破了白色的单调，能让人在进入酒店的瞬间就能感觉该酒店是以变幻的光色作为主要设计手法。

例如，悬挂在六层楼高的中庭里的 6 个直径为 6 英尺的迪斯科转球，它们在黄昏时开始旋转，散发出一种壮观、迷人、有趣的光线，仿佛将刚抵达酒店的旅客引入一个绚烂的舞台，开始一段奇妙的旅程。

图 9–50、51：绚丽的灯光瞬间将纯白的酒店大堂染成红色。

图 9–52：连餐厅也因独特的光线而变成充满激情的空间。

图 9–53：灯光可以完全改变酒店大堂的面貌。

图 9-54、55、56：千变万化的光线无时无刻不在改变着酒店的氛围。

本章重点与习题：

1. 描述人工照明设计每个阶段的具体内容。
2. 通过软件教程，了解 DLALux 专业照明设计软件的特点和操作方法。

第十章 室内光环境设计应用

室内光环境设计的任务，就是要根据使用者的需求，综合运用技术手段和艺术手段，充分利用自然光，合理利用人工光，创造出一个符合人们生理和心理需求的安全、舒适、美观的光环境。

每天，我们会接触到不同类型的空间，上班要去办公室；上课要去教室；买菜要去超级市场；购物要去百货公司；睡觉要去卧室……在不同功能的空间里，我们对其照度的要求不尽相同。本章节分为居住、办公、餐饮、商业、观演、展示六个小节，逐个分析光在这些日常空间的环境设计特点，并总结光环境设计策略以及注意事项，供读者参考。

图 10—1：起居空间光环境设计，在充分利用自然光的前提下，选择合适的人工光。

1．居住空间光环境设计

(1) 调光综合性能表

根据调光性能综合表，了解居室空间光环境设计的基本内容。

	参考内容	参考图表
1. 照度	考虑不同功能的房间采用不同的照度	照度参考范围：21x～20001x，见表格：住宅照度标准
2. 光源	1. 适合低色温光源，营造舒适温馨的光环境 2. 光源的显色指数在70～90之间即可	推荐光源： 普通白炽灯、紧凑型荧光灯和卤钨灯
3. 照明方式	避免对比强烈的光影	间接或半间接照明
4. 灯具	1. 灯具的设计风格与室内设计风格统一 2. 灯具的安装高度应根据使用者的身高和行为特点而定	具体参考本章第三小节内容
5. 眩光限制	1. 卧室中应避免直射眩光 2. 阅读区域应避免间接反射眩光 3. 电视机、电脑屏幕前避免反射眩光	光源位置应设置在视线45°之外，具体内容请参考本书第三章第五节

图 10—2

(2) 住宅照度

照度/1x	适用时间段和空间
1500～2000	手工缝制时
1000～1500	
750～1000	学习时、读书时
500～750	轻松阅读时、化妆时、工作时
300～500	进餐时、洗漱时、炊事时
200～300	家庭聚会时、游戏时
150～200	更衣时、洗涤时
100～150	一般照明（儿童房、浴室、衣帽间、正门门厅）
75～100	一般照明（餐厅、厨房、浴室）
50～75	一般照明（起居室、走廊、楼梯、车库）
30～50	一般照明（储藏室）
20～30	一般照明（卧室）
5～10	室外道路
1～2	深夜 ，防范照明

图 10—3：住宅照度标准。

图 10—4：卧室的环境照明用漫反射照明方式，制造柔和的光线。

图10—5：局部照明采用漫反射灯罩。

图 10—6：客厅的功能比较复杂，适当增加灯具，满足不同行为对照度的要求。

(3) 常用灯具类型

一般而言，设计师应根据住宅中各个房间的不同行为选择不同类型的灯具。

住宅中常见的行为状态包括在起居室中会客或举行家庭活动、在餐厅中吃饭、在书房中阅读和上网、在卧室中睡觉、在厨房中做饭、在浴室中洗漱和洗涤、在储藏室整理物品、在娱乐间里游戏或健身，等等。

使用者的不同行为对视觉环境的要求不同，譬如书房中的照度一定高于卧室，书房中阅读区和上网区的照度又不相同，前者属于精细行为，需要重点照明，后者由于电脑显示屏自身已有足够的亮度，所以只需要一般照明。

下面列举了住宅中常用的灯具类型以及这些灯具的适用范围和特点，如图 10-8 所示。

图 10-7：在满足照度的基础上，设计师可以根据使用者的喜好选择灯具的设计风格。

灯具示意图	名称	适用范围	特点
	吸顶灯	厨房、阳台、浴室	通常是漫反射照明，光线柔和
	水晶吊灯	客厅	通常光线比较耀眼
	普通吊灯	饭厅、客厅、卧室、储藏室	通常属于间接照明或半间接照明，光线向上分布，以免产生眩光
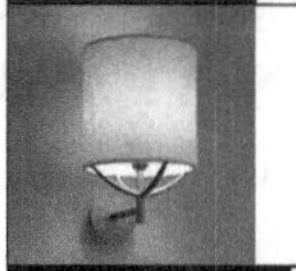	壁灯	客厅、卧室、浴室	通常属于间接照明或半间接照明，固定在墙壁，光斑比较明显
	台灯	书房、卧室	适用于局部照明，光线向下分布，要求光源的照度和显色性较高
	射灯	客厅、书房	通常产生直接向下的光线，光斑明显，适合集中照明，容易产生眩光
	地脚灯	通道、楼梯、浴室、卧室	适合夜间安全照明，由于位置较低，光线向下分布，可以避免眩光，光斑不明显
	其他艺术灯具	居室中的任何空间	根据使用者的个人品味选择，属于局部照明和装饰性照明范围

图 10-8

(4) 灯具的位置与人体舒适度

当我们忙碌了一整天，回到家时，期望进入一个舒适宜人的环境，让我们疲惫的身心得到充分的休息，再迎接第二天的忙碌。为了创造一个舒适轻松的环境，照明设计师应遵循以下规律：当人的视点与自己所在的基准面越接近，心理就越容易放松；反之心理越容易紧张。事实上，白天正午时分，太阳的位置最高，色温最高，强烈的直射光，使得人的情绪高涨。午后，太阳光的色温逐渐降低。太阳的位置也逐渐降低。到了夕阳西下时，色温最低，人们的心情逐渐放松，由此可见，人的生物钟变化规律与太阳的位置变化规律是一致的。那么从室外转换到室内，光源的位置越低，人的心情越放松。

图 10–9：根据人的活动特征来确定灯具的位置。

所以建议设计者在考察该区域人们的行为特点和视点的高度之后，再决定灯具的位置，如图 10–9 所示。如果忽视这一点，会给使用者的生活带来麻烦，如台灯的位置太高，会在电视屏幕上产生眩光；如果餐桌上方吊灯离桌面近，进餐氛围就比较温暖，如果离得很远，进餐氛围就比较冷清，缺乏凝聚力。

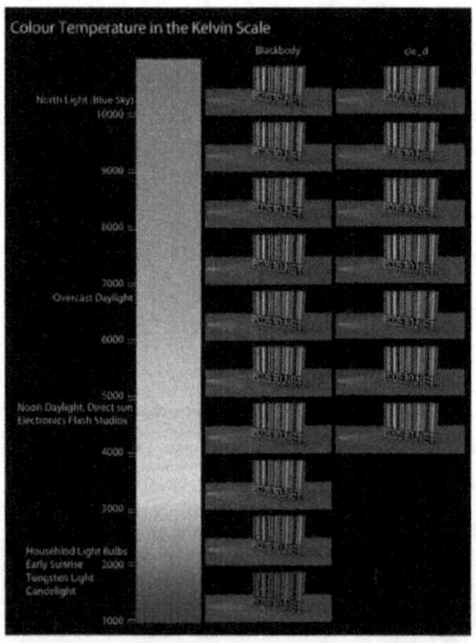

图 10–10：不同色温值与人眼看到的色相的对应关系。

(5) 住宅光环境设计策略

① 住宅照明宜选用以白炽灯、节能荧光灯为主的照明光源。

② 住宅照明设计应使室内光环境实用和舒适。卧室和餐厅宜采用低色温的光源。

③ 起居室的照明宜考虑多功能使用的要求，有时可在起居室设置灯具调光装置，以满足不同时间不同功能的需要。

④ 餐厅局部照明要采用悬挂式灯具，以突出餐桌的效果为目的，同时还要设置一般照明，使整个房间有一定程度的明亮度，制造出整洁感。

图 10—11：卧室宜采用低色温的光源。

⑤ 厨房的灯具应选用易于清洁的类型，如玻璃或搪瓷制品灯罩配以防潮灯口，尽量与餐厅用的照明光源显色性相一致或近似。

⑥ 建议厨房的水槽上方应安置一盏灯。如果厨房只有一盏灯，在夜间洗碗时，由于灯在人的背后，人的影子就会投到前面的水槽里，洗碗就不太方便，所以建议在厨房至少设置两盏灯，一盏用于环境照明，另一盏用于重点水槽上方的重点照明。

图 10—12

⑦ 门厅是进入室内给人以最初印象的地方，因此要明亮，灯具的位置要考虑安置在进门处和深入室内的交界处，这样可避免来访者脸上出现浓重的阴影，影响其形象。

⑧ 在门厅内的柜上或墙上设灯，会使门厅内产生宽阔感。

⑨ 走廊内的照明应安置在房间的出入口、壁橱，特别是楼梯起步和方向性位置。设置吊灯时要使照明下端距地面1.9m以上。楼梯照明要明亮，以免产生危险。

⑩ 卫生间需要明亮柔和的光线，因卫生间内照明器开关频繁，所以选用节能荧光灯作光源较适宜。

⑪ 卫生间的灯具位置应避免安装在便器或浴缸的上面及其背后。开关如为跷板式时宜设于卫生间门外，否则应采用防潮防水型面板或使用绝缘绳操作的拉线开关。

⑫ 厕所内的照明灯具避免安装在便器的正上方，形成怪异的面部表情。

人的心情会随着光源和视点的降低逐渐放松。

⑬ 可分隔式住宅（公寓）单元的布灯和电源插座的设置，宜适应轻墙任意分隔时的变化。可在顶棚上设置悬挂式

图 10–13：楼梯踏步的照明不可忽视，否则给居室的安全造成隐患。

图 10–14：图中床头灯的位置太高，不仅不适合床头阅读，还会引起眩光。

插座，采用装饰性多功能线槽或将照明灯具，以及电气装置件与家具、墙体相结合。

⑭ 高级住宅（公寓）中的方厅、通道和卫生间等，宜采用带有指示灯的跷板式开关。

⑮ 为防范而设有监视器时，其功能宜与单元内通道照明灯和警铃联动。

⑯ 公寓的楼梯灯应与楼层层数显示结合，公用照明灯可在管理室集中控制。

⑰ 每户内的一般照明与插座宜分开配线，并且在每户的分支回路上除应装有过载、短路保护外，并应在插座回路中装设漏电保护和有过、欠电压保护功能的保护装置。

⑱ 单身宿舍照明光源宜选用荧光灯，并宜垂直于外窗布灯。每室内插座不应少于两组。条件允许时可采用限电器控制每室用电负荷或采取其他限电措施。

2. 办公空间光环境设计

(1) 调光综合性能表

根据调光性能综合表，了解办公空间光环境设计的基本内容。

	参考内容	参考图表
1. 照度	1. 工作面的照度 2. 周围环境的照度	照度参考范围：50lx~1500lx，详细见办公空间照度标准
2. 光源	1. 光源的节能问题 2. 使用寿命问题 3. 显色指数应大于80	推荐光源： 紧凑型荧光灯和卤钨灯
3. 照明方式	避免对比强烈的光影	间接或半间接照明
4. 灯具	1. 工作区环境照明灯具应选择通用型灯具，如隔栅灯 2. 工作面照明应选择便于转换角度和高度的台灯类型	见表格：常用灯具类型
5. 眩光限制	1. 阅读区域应避免间接反射眩光 2. 电脑屏幕前避免反射眩光	参考表：光源亮度与遮光角的关系

图 10—15

(2) 办公空间照度

照度/lx	适用时间段和空间
1500	精细工作区、设计室、制图室
750	一般工作区、资料室、阅览室、会议室
500~700	门厅、会客室
300~500	茶水间、打印间
75~100	餐厅、卫生间
50~75	走廊、电梯间

图 10—16

图 10—17：电子显示屏周围的环境照明宜采用漫反射照明方式，减少直射眩光的产生。

图 10—18

(3) 常用灯具类型

灯具示意图	名称	适用范围	特点
	射灯	会议室、门厅、办公室之间的长廊	1. 光线向下分布 2. 适合会议室或讨论区的桌面集中照明 3. 长廊氛围照明
	直射型台灯	工作桌面	带反射罩、下部开口的直射型，适用于个人作业面集中照明，并根据电脑荧光屏的亮度来限制灯具的亮度
	地脚灯	楼梯	光线向下分布，适合自然光较少的室内楼梯
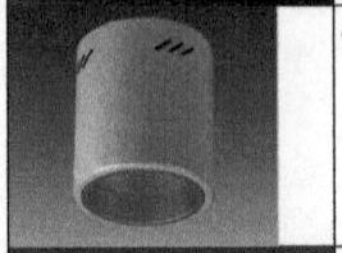	筒灯	接待区、打印间、茶水间、员工休息间	适用于整体照明，光线向下分布，无明显光斑，光源一般选择紧凑型荧光灯管
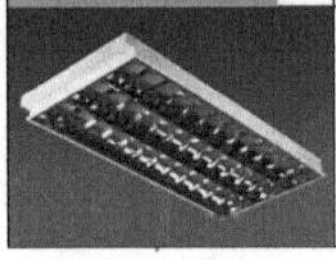	隔栅灯	办公室	适用于办公空间环境照明，一般选择荧光灯管

图 10—19

(4) 办公室光环境设计策略

人们在办公空间所进行的日常活动，包括阅读、写字、交谈、思考等，为营造一个舒适的办公光环境，设计者需要考虑如下要求：

① 通常情况，人们在办公室中待的时间很长，从早上到晚上，所以设计者应全面考虑自然光设计和人工光设计之间的自然过渡，不仅要考虑窗户旁的工作面如何防止眩光问题，还要考虑那些远离自然光的工作面，如何通过增加人工光源提高工作面的亮度。如图 10—18 所示，在靠近落地窗附近的洽谈区，设计并未增加荧光灯，在远离自然光的工作区则横向增加了隔栅灯，为工作面提供柔和而均匀的环境照明。

图 10—20、21：办公空间的自然采光设计不容忽视，对于人们的身心健康和地球的能源节约均有帮助。

② 办公室环境照明的照度值应根据工作面的照度来确定，这两者之间应该保持互相协调的关系。当周围环境的亮度发生急剧变化时，工作面上工作的人就会感觉到紧张和不舒适，所以工作面的照度与平均照度之比应保持在 0.7，周围环境照度与平均照度之比应保持在 0.5，而工作面照度与周围环境照度的数值关系可以参考图 10−23 的数值。

③ 办公室环境照明光源以荧光灯为主，如图 10−24、25 所示。

③ 工作面附近隔断、桌面宜采用无光泽的装饰材料，避免人眼在显示屏、书本、桌面的来回移动过程中接触到眩光。

⑤ 为了避免疲劳和工作时出现差错和事故，设计者要考虑光源亮度与遮光角的关系，限制眩光对人眼的影响。例如，当光源的亮度大于或等于 500 kcd/m² 时，所对应的遮光角不得低于 30°，参考图 10−23。

⑥ 办公室的环境照明应设计在工作区的两侧，采用荧光灯时宜使灯具纵轴与作业面水平方向平行。

⑦ 当设计者难以确定每个工作位置时，可选用发光面积大、亮度低的双向式配光灯具，增加环境照明的亮度。

⑧ 经理办公室照明要考虑写字台的照度、会客空间的照度及必要的电气设备。

⑨ 会议室照明，会议桌上方的亮度最高，周围环境的亮度根据会议桌的亮度来确定，这么做的目的是利用集中的光线使人们产生向心感，从而集中注意力，如图 10−26 所示。

工作面照度/lx	周围环境照度/lx
≥750	500
500	300
300	200
≤200	与工作面照度相同

图 10−22

光源亮度kcd/m²	最小遮光角度
1～20	10°
20～50	15°
50～500	20°
>500	30°

图 10−23

图 10−24

图 10−25

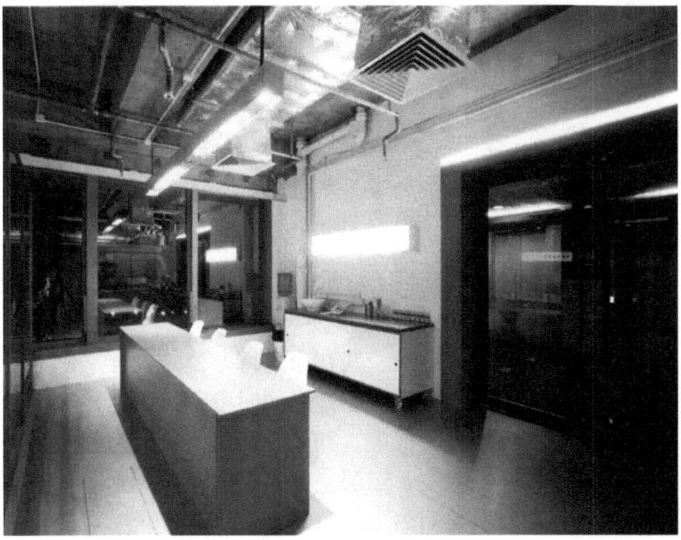

图 10−26

图 10-27、28：如果办公空间的环境照明采用直接照明方式，建议让光源远离人们工作时的水平视线高度，以免产生直射眩光。

图 10-29

图 10-30

图 10-31

图 10-32

图 10-33：

⑩ 办公室的环境照明常常采用看不到光源的漫反射光带，如图 10-29、30、31 所示。

⑪ SOHO 族：是指一些在家进行办公的人群。住宅空间兼办公空间，室内光环境设计应同时参考住宅光环境设计标准和办公光环境设计标准。如图 10-33，一层为起居室，以低色温的暖光源为主；二层空间为办公空间，光线以模拟自然天光的漫反射照明为主。

3. 餐饮空间光环境设计

(1) 调光综合性能表

根据调光综合性能表，了解餐饮空间光环境设计的基本内容。

	参考内容	参考图表
1. 照度	1. 根据不同餐厅或酒吧的设计风格调整。 2. 进餐区和非进餐区的亮度比为3:1。	照度参考范围75x～1000lx，详细见餐饮空间照度标准
2. 光源	1. 适合低色温光源，营造舒适温馨的光环境和诱人的餐品。 2. 光源的显色指数在50～70之间即可。	推荐光源： 普通白炽灯、紧凑型荧光灯和卤钨灯
3. 照明方式	1. 在进餐区，避免向上的直接照明方式在进餐者脸上形成诡异的阴影。 2. 进餐区桌面的照明以光束角较小的集中照明为主，以免光线影响到其他桌面。	
4. 灯具	灯具的设计风格与餐厅室内设计风格统一。	见表格：常用灯具类型
5. 眩光限制	1. 进餐区，避免使用光线向上的直接照明，防止直射眩光产生。 2. 环境照明应采取间接照明方式，避免进餐者看到光源。	

图 10—34

(2) 餐饮空间照度标准

照度/lx	适用时间段和空间
750～1000	开放式料理区，便于进餐者观赏厨师的手艺
500～750	中式进餐桌面
300～500	西餐进餐桌面、后台厨房间
200～300	酒吧操作台、经理办公室
150～200	接待台、门厅
100～150	除进餐区以外的环境照明、休息区
75～100	走廊、楼梯、员工休息间

图 10—35

图 10—36：进餐区背景照明应采取间接照明方式，防止眩光。

图 10—37：进餐区和非进餐区的亮度比值为 3:1。

(3) 常用灯具类型

灯具示意图	名称	适用范围	特点
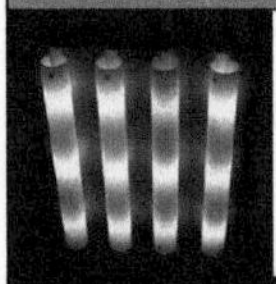	吸顶灯	厨房、员工休息间	采用节能荧光灯，显色性较好，使用寿命长
	水晶吊灯	门厅、餐品展示区	属于装饰性照明灯具，制造奢华的进餐环境
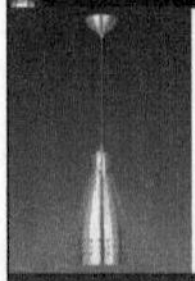	吊灯	进餐区照明	通常属于间接照明或半间接照明
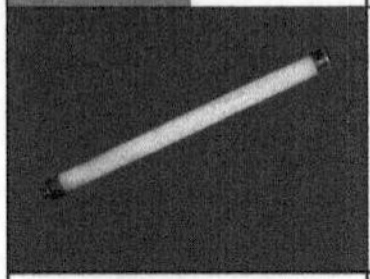	光带	进餐区背景照明	辅助环境照明，为进餐者的面部照明提供均匀的光线。避免形成浓重的暗影
	射灯	交通区照明、桌面照明、卫生间	通常产生直接向下的光线，光斑明显，适合集中桌面照明，但是容易产生眩光
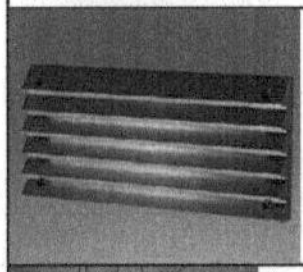	地脚灯	通道、楼梯、卫生间	位置较低，光线向下分布，避免了眩光，光斑不明显
	其他艺术灯具	餐厅中任何需要艺术照明的区域	根据室内设计风格来确定，属于装饰性照明范围

图 10—38

图 10—40：接待台采用荧光灯带，营造明亮而柔和的接待环境。

图 10—39：地灯兼具引导照明和装饰性照明功能。

(4) 餐饮空间光环境设计策略

① 餐饮空间的光环境设计目的有别于前面所讲的两个空间。目的一，利用灯光营造舒适的空间氛围；目的二，利用灯光优化进餐者的面部表情；目的三，利用灯光塑造诱人的餐品。总体而言，餐饮空间光环境设计给予设计者更多的机会，挖掘光在艺术方面的表现力。

② 在餐饮环境中的照明设计，要创造出一种良好的气氛，光源和灯具的选择性很广，但要与室内环境风格协调统一。

③ 在创造舒适的餐饮环境气氛中，白炽灯在运用上多于荧光灯，由于显色性理想，光源色表呈现黄白色，容易制造温暖的氛围。

④ 一般情况下，低照度时宜用低色温光源。随着照度变高，就有向白色光的倾向。对照度水平高的照明设备，若用低色温光源，使人感到闷热。对照度低的环境，若用高色温的光源，会产生青白的阴沉气氛。一般情况下，为了优化饭菜和饮料的颜色，应选用显色指数高的光源。

⑤ 多功能宴会厅，兼具宴会和其他功能使用的大型可变化空间。所以灯具的选择同时符合功能性照明标准和装饰性照明特征，一般情况下，设计者采用二方或四方连续的反光灯带和同样艺术造型的大型吊灯来满足这种需求，色彩和造型要与室内整体设计风格协调，整体照度应达到 750lx，可安装调光器以适应各种功能要求。

图 10-41：楼梯间采取装饰性照明。

图 10-42：环境照明与背景照明功能分工明确。

图 10-43：吧台采用半间接照明形式，不仅能照亮餐品，还可以避免眩光。

图 10-44：吧台区域因别致的灯具造型和明亮的光线，成为该餐厅里的设计亮点。

⑥ 特色餐厅是为顾客提供具有地方特色菜肴的餐厅，相应的室内环境也应具有地方特色。在照明设计上可采用以下几种方法：采用具有民族特色的灯具；利用当地材料进行灯具设计；利用当地特殊的照明方法；照明与建筑装饰结合起来，以突出室内的特色装饰。

⑦ 特色餐厅、情调餐厅室内环境不受菜肴特点所限。环境设计应考虑给人以某种感觉和气氛。为达到这种目的，照明可采用各种形式。

⑧ 快餐厅的照明可以多种多样，建筑化照明的各种照明灯具、装饰照明及广告照明等都可运用。但在设计时要考虑与环境及顾客心理相协调。一般快餐厅照明应采用简洁而现代的形式。

⑨ 主题性酒吧间照明，照度在 0lx ~ 320lx 之间，酒吧后面的工作区和陈列部分要求有较高的局部照明，便于服务员操作，酒吧台下可设光槽对周围地面照亮，给人以安定感。室内整体环境较暗，营造轻松的交流氛围，切不可直接将直射光安置在顾客的头顶上方，不仅使顾客紧张，而且丑化了顾客的面部表情。

图 10-45：在进餐区，利用聚光灯的光斑划分出每个餐位。

图 10-46、47、48：对于空间高大的餐厅，不仅要提供足够的环境照明，还要增加餐桌上的照度。

图 10–49：利用不同类型的照明方式，营造多层次的光环境。

4. 商业空间光环境设计

(1) 调光综合性能表

根据调光性能综合表，了解商业空间光环境设计的基本内容。

	参考内容	参考图表
1. 照度	1. 根据不同的商品采用不同的照度 2. 不同功能区的照度标准不同	照度参考范围20x～20001x，详细见商业空间照度标准
2. 光源	1. 环境照明、商品照明和装饰性照明应采用不同的光源 2. 对商品照明的光源显色性的要求较高，显色指数应大于90	推荐光源： 白炽灯、紧凑型荧光灯、卤钨灯、霓虹灯、LED
3. 照明方式	1. 环境照明区一般采取漫反射照明方式 2. 商品照明区一般采取直接照明方式	
4. 灯具	枝形吊灯、牛眼射灯、节能筒灯、荧光光灯带或灯箱等	见表格：常用灯具类型
5. 眩光限制	不同高度的货架和柜台，应采取不同的眩光限制方式	

图 10–50

(2) 商业空间照度标准

照度/1x	百货公司	专卖店
1500～2000	重要商品陈列区、橱窗	重要商品陈列区
1000～1500	服务台、一般商品陈列	临街橱窗
750～1000	重点楼层、专卖柜、咨询专柜	入口、收银台、包装台、自动扶梯
500～750	一般楼层基本照明、自动扶梯、电梯	一般陈列
300～500	楼层基本照明、问询台	
150～200	洗手间、楼梯、走廊	
75～100	顾客休息区、更衣室	
20～75	库房	

图 10–51

(3) 常用灯具类型

灯具示意图	名称	适用范围	特点
	吸顶灯	员工休息间、库房	采用节能荧光灯，显色性较好，使用寿命长
	水晶吊灯	装饰性照明、等待区、收银台	属于装饰性照明灯具，吸引消费者进入店内
	吊灯	环境照明	通常属于间接照明或半间接照明
	光带	货架背景照明、更衣间环境照明	烘托商品照明，提供更均匀的室内光线
	射灯	一般商品照明、重点陈列商品照明	通常产生直接向下的光线，光斑明显，光线集中，亮度高于周围环境
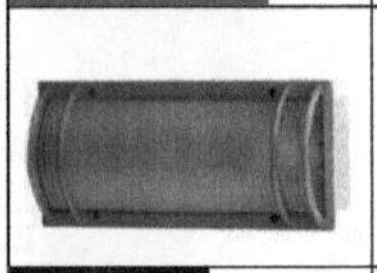	地脚灯	通道、楼梯	位置较低，光线向下分布，避免了眩光，光斑不明显
	其他艺术灯具	展示橱窗	应用艺术化照明，体现品牌的文化和内在价值

图 10—52

图 10—53：当百货公司店堂的环境照明不足时，利用柜台自带的灯具进行补充。

图 10—54：环境照明采用漫反射照明，货架采用直射照明。

(4) 商业空间光环境设计目的

核心目的：通过光线引导消费者进入商业空间，吸引消费者对商品的注意力，刺激消费者的购买欲。

基本目的：为店员和消费者提供安全舒适的光环境。

(5) 商业空间光环境设计策略

① 明确商业空间照明内容包括环境照明、商品照明和装饰性照明。

环境照明的目的是为整个商业空间提供足够而均匀的光线，光线的来源可以是人工光或自然光；商品照明是指对单个商品的陈列照明，其目的是完美地呈现商品，吸引消费者的注意力；装饰性照明的目的是通过光环境设计烘托、表现品牌形象和内在价值，培养顾客的潜在消费欲望。

② 环境照明宜选择白炽灯和荧光灯，商品照明宜选择卤钨灯，而装饰性照明可以选择霓虹灯、LED 灯，效果更好。

照明内容	照明目的	照明方式	注意事项
环境照明	为整个商业空间提供足够而均匀的光线	1白炽灯、荧光灯直接照明 2 荧光灯带漫反射间接照明	平衡自然光与人工光的关系，在不是完全依赖人工光的商业空间中，注重自然光设计，会给消费者带来打动人心的购物氛围，从而刺激更多的消费，如图
商品照明	引起顾客对商品的注意，表现商品的特点	1．卤钨灯直接照明，光斑清晰 2．变色LED漫反射照明	为了突出商品的质感、色彩，应选择色温、色表和亮度合理的光源
装饰性照明	烘托店内购物氛围，表现品牌形象	直接照明或半直接照明	任何符合所售商品特点、符合企业文化的灯具都可以使用

图 10—55

图 10—56：当橱窗的亮度高于街道或商场走廊亮度时，才能达到吸引顾客的目的，还可以利用别致的灯具和多种色彩光线来引人注目。

③ 根据不同商品的特性制定不同的照明策略。

照度/lx	商品种类
1000	新鲜蔬菜和肉制品、食品、礼品、首饰等。
700	服装、深色布制品、化妆品、文具、书籍、日用品、玩具、家用电器、餐具等。
500	内衣、浅色布制品、鞋类、家具、床上用品、织物、交通工具、五金交电等。

图 10–57

④ 应防止在货架、柜台和橱窗上产生直射眩光和反射眩光。如果橱窗的照度小于1000lx，从街上看橱窗时，就会产生光幕眩光，因为白天室外的照度不低于1000lx。

⑤ 商品照明要考虑如何表现商品的质感和立体感，如图 10–62 所示。

⑥ 商品照明和环境照明的亮度比值不得超过 3:1。

⑦ 服装专卖店的更衣间照明，应注意利用灯光修饰消费者的脸部轮廓和脸色，在头顶或较低设置射灯会造成奇怪的面部表情，使用冷光源则会使人脸色难看，这些欠缺考虑的设计会影响消费者的心情，降低其购买欲。

图 10–58、59：“让顾客感觉每件衣服都是艺术品”成为这家专卖店主要光环境设计的目标。

图 10–60、61：光环境设计应与商业品牌的形象相符，干净利索的用光策略与简约的服装风格一脉相承。

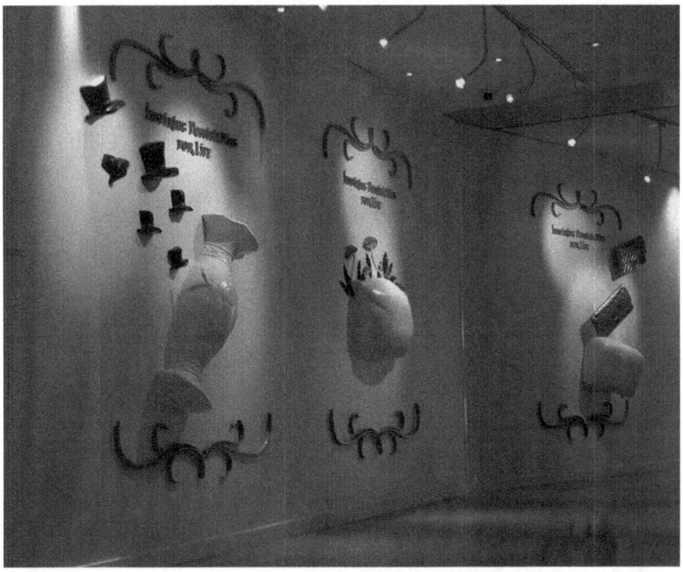

图 10—62

图 10—64

图 10—63

图 10—65、66：同样适用间接漫反射照明方式照亮柜台，但由于光源的位置不同，效果也不同。

5. 观演空间光环境设计

(1) 调光综合性能表

根据调光性能综合表，了解观演空间光环境设计的基本内容。

	参考内容	参考图表
1. 照度	由于观演空间的类型跨度很大，包括剧场、会堂、电视演播室、不同类型的竞技场、体育馆等，所以照度参考标准不能一概而论，而是要利用调光器根据实际需要进行调整	照度参考范围：1251x～20001x，特殊情况下大于20001x
2. 光源	通常采用大功率高光通的光源，并注意光源的显色性特点	推荐光源： 高压汞灯、高压钠灯、金属卤化物灯
3. 照明方式	一般采取直接照明方式	
4. 灯具	舞台檐幕灯、舞台天幕灯、舞台前口灯、灯带、面光灯、聚光灯、强光灯、追光灯、顶棚灯	见表格：常用灯具类型
5. 眩光限制	在灯具上加装遮光器以防止眩光	

图 10-67

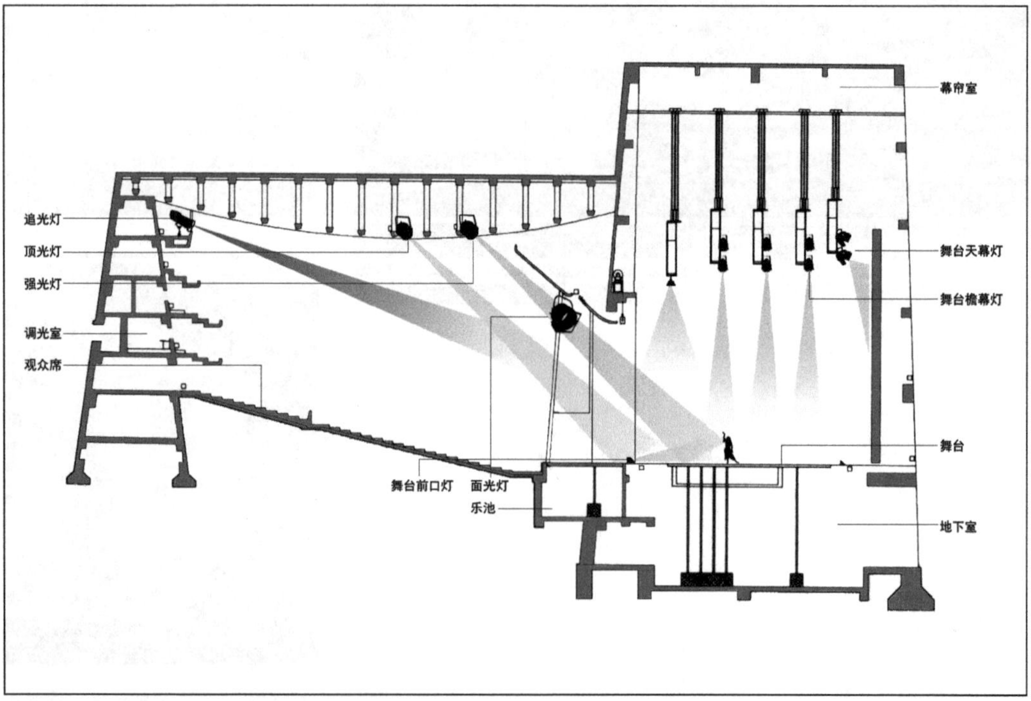

图 10-68：典型剧场建筑剖面图，注意常用灯具的位置。

(2) 常用灯具类型

灯具示意图	名称	特点
	舞台檐幕灯	用于均匀照亮整个舞台台面
	舞台天幕灯	用于照亮舞台背景
	舞台前口灯	设置在舞台台口地面的灯具，自下而上照亮演员的全身
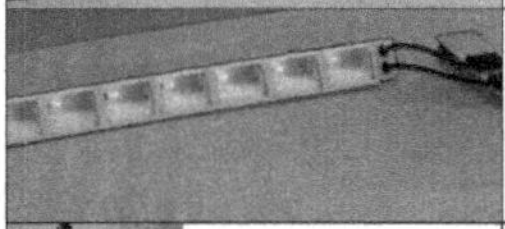	灯带	主要照亮舞台布景的简易型灯具，在小型剧场中使用频繁
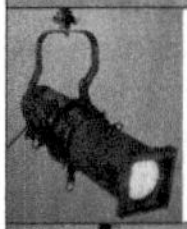	聚光灯	1. 自动升降式聚光灯 2. 自动升降水平吊杆聚光灯
	强光灯	内藏反射镜的灯具，用于需要强光的时候，观众能直接看见光束
	追光灯	光强，光束集中，可以追踪舞台上移动的演员
	顶光灯	设置在观众席上方的聚光灯
	面光灯	安排在观众席两侧的聚光灯

图 10-69

(3) 舞台布光策略

舞台布光是观演空间光环境设计构成的重要组成部分，是根据情节的发展对人物以及所需的特定场景进行全方位的视觉环境的灯光设计，并有目的地将设计意图以视觉形象的方式再现给观众的艺术创作。应该全面、系统地考虑人物和情节的空间造型，严谨地遵循造型规律，配置合理的光线。

设计舞台的光环境，可以从以下三个层面同时进行：

① 利用光线塑造演出情景所需的形象或角色

- 外部形象的描写：主光源、环境光、轮廓逆光。
- 心理描写：对白、独白、回忆、希望、幻想。
- 创意描写：具象、抽象、写实、非写实。

② 利用光线表现剧情所需的舞台时空环境

- 空间环境的表现

- 时间环境的表现
- 季节环境的表现
- 特定环境的表现

③ 利用光线调整演出所需的舞台氛围

- 通过调整光线的亮度来改变舞台氛围，意味着设计师要注意明暗对比关系、重点区域照明、背景亮度减弱等方面的问题。
- 通过色彩关系的调整来控制舞台氛围，建议设计师可以调整光源的色相、色彩的对比或色彩的饱和度等方面。
- 结合演出内容来调整照明方式，例如直射光、漫反射或间接照明等。
- 利用光塑造舞台上不同的时间感和空间感。由于一台戏内容的需要，例如从白天转换到夜晚，可以通过改变光的色相和亮度来提醒观众时间的变化，又如从古代社会发展到现代社会，可以通过光源的缓缓变化转变为激烈的跳动，暗示出时代发展脚步正在加快。

(4) 观众席布光策略

一般情况下，按照“时间段”来设计观众席的布光策略：

第一，开场前或演出休息中，为减轻观众疲劳感的布光

图 10–71：观众席上方的强光灯和顶光灯，控制舞台前半部分的光线。

图 10–70：利用光线塑造演出情景的特点。

图 10–72：利用调光器控制舞台上方的天幕灯的光束强度和色彩。

图 10–73、74：不同色彩的光线营造不同的舞台氛围，给观众以独特的视觉享受。

图 10–75、76：同样是音乐演出，由于演出空间和演出规模的不同，光效设计截然不同，前者的观众席远离舞台，设计师利用显眼的光束和鲜艳的色彩抓住观众眼球；后者为标准音乐厅，设计师使用稳定的光源，以防过多的光线干扰观众欣赏音乐。

策略，一般利用两侧墙壁提供照明，或利用顶棚提供照明，如图 10–79 所示，在剧场观众席上方安装华丽的灯具，提供足够的亮度，便于演出开场前观众看清整个剧场空间的特点。

第二，开场后的引导照明策略，既不能影响观众的观赏，又要保证观众临时进场或出场时找到正确的方向。

第三，观众席的安全照明和应急照明系统，在人群聚集的封闭空间内，安全照明设计策略非常重要，设计者应充分考虑。

(5) 观演空间光环境的实施策略

在实施舞台和观众席布光策略时，应充分考虑实施的技术的可能性，才能保证最后的光效。建议设计者从以下四个方面进行调研和评估，保证设计策略的可行性。

① 适当亮度：剧场以及观众席的大小、欣赏距离、内容情景的要求、投光距离、投射面积、功率、光效利用率。

② 灯具的组合：灯具性能的利用、多灯排列设置、灯具组合共用、定点光、单灯特灯、效果器材的应用。

③ 布光效果：投光角度、投光方向、光区组合衔接、灯具的隐蔽方式和暴露方式。

④ 控制及操作：调光和改变电压、与情节相吻合时空转换、变化时机、编程、操作、管理等内容。

图 10–77：混光照明灯

图 10–78：带自动升降器的聚光灯

图 10—79

图 10—80：舞台上方的各种灯具，固定在自动升降水平吊杆上，可以根据演出需要调整高度。

图 10—81：大型圆形舞台的聚光灯数量比一般剧场更多。

图 10—82：该舞台设计除了采用常规布灯方式，还采用了一些特殊的布灯方式，例如将强光灯安装在可以移动的布景上。

6. 展示空间光环境设计

何为展示空间？所有需要以呈现展品为主要设计任务的空间均可以称之为展示空间。不同展品、规模和展示目标的展示空间，其光环境设计的策略有所不同。本章节集中探讨博物馆、美术馆和商业会展等空间中的光环境设计策略。

(1) 调光综合性能表

根据调光性能综合表，了解展示空间光环境设计的基本内容。

	参考内容	参考图表
1. 照度	1. 平衡照度和暴露时间之间的关系 2. 根据展品对光照的敏感系数，选择合适的照度	见表格：博物馆照度标准
2. 光源	1. 了解各种光源单位照度的辐射照度值 2. 了解单位照度的损伤系数	参考表格
3. 照明方式	1. 直接照明和间接照明 2. 环境照明 3. 侧面投光照明	
4. 灯具	投光灯、带反光板的射灯、轨道射灯、隔栅灯	见表格：常用灯具类型
5. 眩光限制	1. 考虑观看视角和展品之间位置 2. 在灯具上增加遮光元件	

图 10—83

(2) 博物馆空间照度标准

照度/1x	展厅部分	公共区	办公区	装运区
2000～3000	最重要展品陈列区	——	——	——
1500～2000	——	入口雕塑、入口广告牌	新闻发布中心录像室	卸货登记区
500～1000	一般大件展品陈列、橱窗、精加工物品陈列区	入口检票区、问询台、自动扶梯、报告厅、休息厅	研究室、书库、档案室、化验、美工、陈列设计与制作区	控制室、观察室
200～500	展厅装饰性照明	接待区、等候区、寄存处	电气房、电话总机房	装卸运送区一般照明
50～200	敏感展品陈列区	洗手间、休息区、通道、安全照明	员工休息值班	展览库房、行政库房

图 10—84

(3) 博物馆空间照度标准

灯具示意图	名称	适用范围	特点
	投光灯	特大展品、特大空间	适合大尺度的空间和展品，一般从两个方向射向展品，一个设置在建筑构件上作为主光源，另一个从展品底部向上作为侧光，增加展品的立体感。
	带反光板的射灯	展厅	属于装饰性照明灯具，吸引消费者进入店内
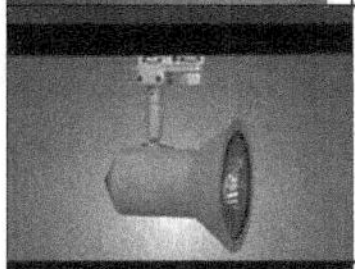	轨道射灯	重点展品陈列区	适合中小型展品
	隔栅灯	一般展品陈列区	烘托商品照明，提供更均匀的室内光线
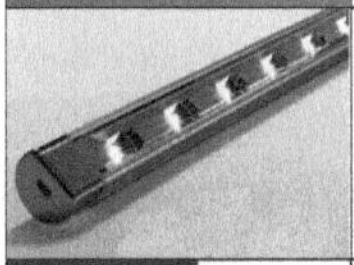	灯带	需要柔和光线的区域	环境照明，采用漫反射间接照明，形成柔和的自然光线，特别适合绘画艺术品展区
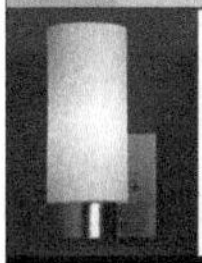	壁灯	卫生间、电梯间	装饰性照明、引导性照明，适合烘托展厅气氛
	地脚灯	安全照明、通道、楼梯	位置较低，光线向下分布，避免了眩光，光斑不明显
	其他艺术灯具	展厅入口、公共休息区	其艺术特点与陈列主题相呼应

图 10—85

(4) 博物馆展示空间光环境设计特点

博物馆根据展陈种类划分，包括综合类型的博物馆（如上海博物馆）和专题型博物馆（如上海消防博物馆）两种。

博物馆根据建筑形式主要有三种：一是专门设计的；二是直接利用一般性展览馆改造的；三是利用其他古旧建筑设立的。特别是第三种建筑形式的博物馆，在考虑光环境设计时应注重对原建筑的保护。

博物馆光环境设计的目的，不仅要为观众创造一个良好的视觉环境欣赏展品，而且要尽量减小光学辐射对展品的损害。

博物馆光环境类型包括三种：一是以天然采光为主，人

图 10–86：现代艺术展览馆建筑注重对自然光的利用。

工照明为辅的，这种类型占较大的比例；二是天然采光和人工照明相结合的；三是全部采用人工照明的，这其中天然采光的方式有四种：一是高侧窗采光；二是侧窗采光；三是高侧窗和侧窗并存；四是天窗采光，如图 10–86、87、88 所示。

博物馆是各种文物、历史遗物和艺术品的收藏保护、研究、展示和宣传的机构，设计中要充分考虑妥善保护这些珍贵的历史文化财产，必须尽可能地使之免受光学辐射（包括可见辐射、紫外辐射和红外辐射）的损害。

博物馆的目的是把丰富的资料、珍贵的文物、实物、模型或复制品等收集起来，加以观赏和保管，它也是进行学术研究的场所。在博物馆的内部，有门厅、文物展厅、文物库房、准备室、会议室、研究室、图书室等各种房间，由于使用功能的不同，它们对照明的要求也不相同。灯光设计在博物馆设计中起着重要作用，而在展厅中则显得更为重要。不同种类的博物馆应有不同的展陈主题，光环境设计不得偏离展陈主题。

(5) 博物馆光环境设计策略

一般而言，衡量光环境设计效果的主要指标包括照度、显色指数、色温与照度的比值、均匀性、立体感、眩光、光的形态等。然而博物馆的照明设计策略，除了要考虑以上照明指标外，还必须遵循有利于观赏展品和保护展品的原则，设计策略应达到安全可靠、经济适用、技术先进、节约能源、维修方便等要求。

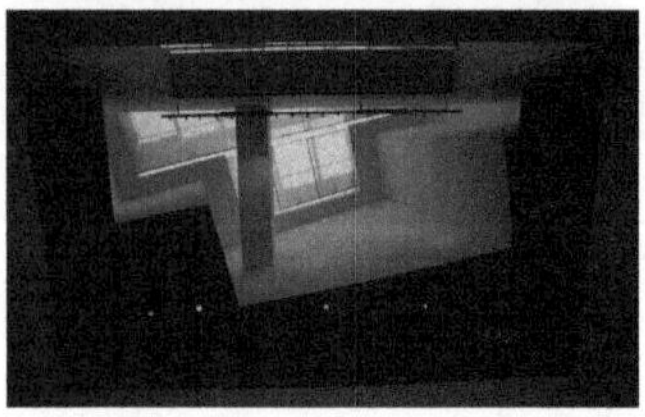

图 10–87、88：自然光用于环境照明，人工光用于重点照明。

图 10–89：利用漫反射照明方式、全云天空下相同色温的光源与适合油画的照度，模拟出自然光的展示氛围。这种方式特别适合缺少自然光的美术馆建筑。

图 10—90：活体植物和标本对光辐射的要求不同，设计师应区别对待。

图 10—91、92：一般而言，展览馆的环境照明采用泛光灯，展品照明采用聚光灯。

① 展示物品的保护及光源的选择

博物馆对展示品的保护特别重要。某些外界条件，如照明、辐射光、温度、潮气以及大气中的活动性气体污染等，都可能对展示物品造成损伤。而光的作用有化学作用和热作用两种。尤其光的化学作用会造成展品表面褪色和脆化。

- 考虑光源的光谱特性对展品的伤害。即照明设计中应尽量减少短波成分。随着入射光线的波长移向蓝光甚至进入紫外波段，光线对展品的损害程度增大。由于紫外光对物质有很大的破坏性，因此，博物馆照明中要选用紫外光辐射少的光源。
- 照明设计中既要限制照度和暴露时间，又要减少因温度上升而导致的展品损坏，两者相辅相成。限制照度是指光照到展品上的辐射能强度（照度）的大小，暴露时间是指展品被照时间的长短。譬如，100lx 的照度作用于展品 1000h 的破坏程度相当于 50lx 的照度作用于展品 2000h。光线射到展品上，一部分被展品吸收，导致展品的温度升高并使其变干燥，如果室内空气湿度不足，就会损害展品。又由于照明的开和关，致使展品的温度反复上升和冷却，产生热胀冷缩现象也可以损害展品。
- 展品材料本身吸收和抗辐射能力的大小。即照明设计中要考虑不同展品的性质。不同性质材料的物品对光的敏感程度不同，根据不同敏感度的展品考虑光源类型和不同照度。

值得设计者注意的是热作用来自红外线部分，因此要尽量滤除光源中的红外线，或选用无红外线辐射的光源。

艺术品照度推荐值：

照度/lx	艺术品类型
750~1500	金属雕刻
300~1500	木料或石料雕刻
300~750	油画
200~500	陶器、玻璃制品
150~300	中国画

图 10—93

对光损伤不敏感的展品照度可较高；对光敏感的展品照度就要受到限制，一般不超过 200lx；而对光特别敏感的展品，应保持低照度照明，一般应在 50lx 以下，在关闭展览时应使作品处在黑暗条件下。

② 眩光限制

眩光是博物馆照明重要考虑的因素之一。

通常博物馆里比较重要的文物会用玻璃隔断或玻璃展柜维护起来，对一些高反射材料展品，为了保证观看效果，设计师布灯时应注意以下几点：

第一，在观众观看展品的视场中，不应有来自光源或窗户的直接眩光或来自各种表面的反射眩光。

第二，观众或其他物品在光泽面（如展柜玻璃或画框玻璃）上产生的映像不应妨碍观众观赏展品。

第三，对油画或表面有光泽的展品，在观众的观看方向不应出现光幕反射。

③ 色温的匹配、显色指数要求

国际博物馆协会要求照度值应与色温相匹配，照度较高时选用高色温光源，照度较低时宜选用低色温光源。我国尚没有对此做出标准。一般博物馆照明建议使用色温小于 3300k 光源。同时保持统一环境的色温整体性。

图 10—94、95、96：对于墙面上的展品，不论是平面的画作还是立体的展箱，应按照图中所示，正确布置灯具的位置，防止眩光产生。

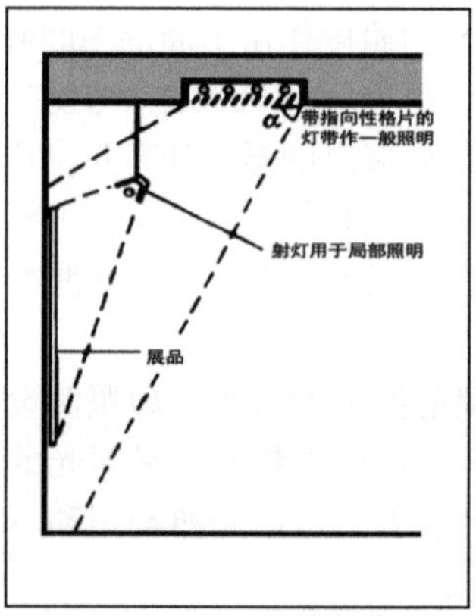

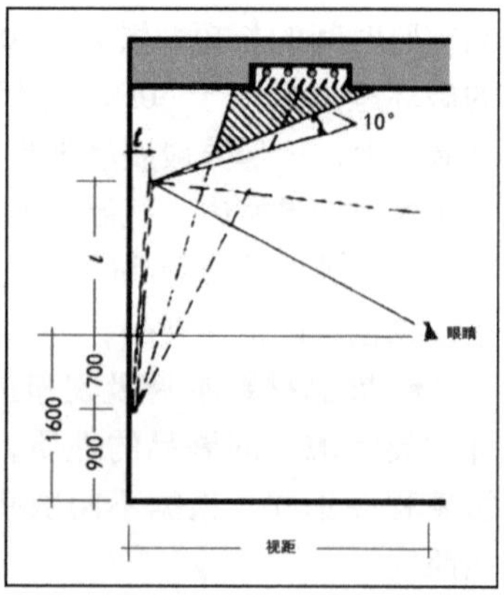

图 10—97

在陈列绘画、彩色织物、多色展品等对辨色要求高的场所，应采用一般显色指数（R a）不低于 9 0 的光源作照明光源。对辨色要求不高的场所，可采用一般显色指数不低于 6 0 的光源作照明光源。

图 10—98

图 10—99

④ 照明方式

一般照明如果没有主次明暗之分，照明效果当然不理想，应在一些特殊的展品增加特定的投射照明，丰富整体照明的层次。例如，博物馆照明设计中通常采用一般照明与局部重点照明相结合的手法。

而针对一些展陈方式多元化的博物馆空间，例如墙面展示、柜内展示和柜外展示，展陈照明宜采用背景照明、普通照明和局部重点照明相结合的照明手法，同时还要考虑布展、清扫和应急时的照明模式。

在光环境设计飞速发展的今天，博物馆光环境设计已经不能只单单考虑、尊崇某些照明质量和照明参数的规范，它是一个系统工程的问题，而单一的建筑学配置或单一的照明技术都不能很好地实现最终的照明效果，设计者应综合考虑照明技术、展陈主题、艺术效果和观众的心理等因素，才能设计出优秀的作品。

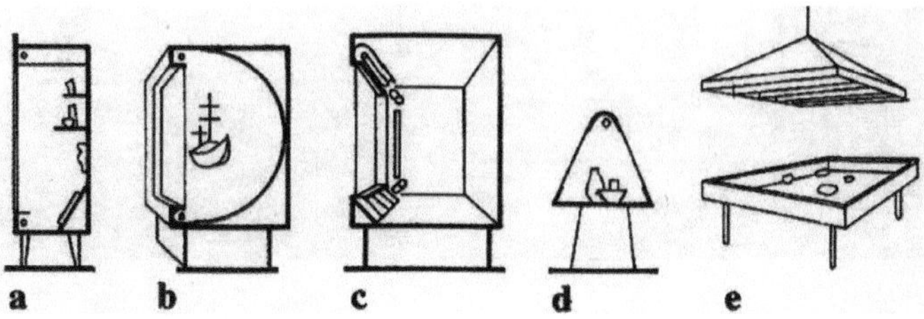

图 10—100：不同类型展柜采用不同的照明方式。

案例分析：

专题性博物馆设计案例：河口科技馆

案例名称：上海河口科技馆展陈设计方案

设计单位：华东师范大学设计学院

地址：上海，宝山区

光环境设计理念：

上海河口科技馆属于专题性永久博物馆设计，为了让市民了解河口研究相关的科学知识以及了解河口城市发展的特点。光环境设计策略作为科技馆整体设计策略的一个分支，应围绕科学知识普及这一目标而展开。在设计之初，对各个展项内容分析，将照明设计与展陈形式结合起来考虑，制定出主要设计策略：

第一，以人工光为主要光源；

第二，对于特殊展品，如动物标本、植物标本，应采取保护措施，减少光源辐射；

第三，防止任何形式的眩光产生；

第四，不同展陈方式采用不同的照明方式，鼓励创新。

第五，利用动态光效手段，丰富参观者的感官体验。

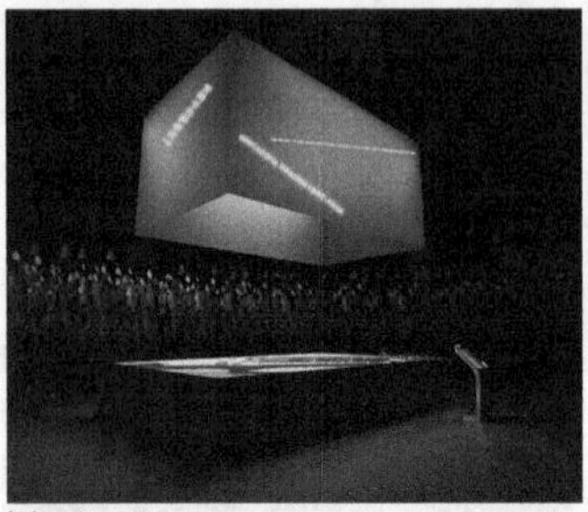

图 10—101

图 10—102

图 10—103

图 10—104

如图 10—101，青草沙水库的电子沙盘落于高台上，灯光从沙盘底部高台之中，以漫反射光散射出来，与沙盘上方的方形幕布相呼应，幕布采用有机玻璃制成，荧光灯管藏在幕布上端，制造出柔和的渐变光墙效果，当解说视频开始放映时，幕布变暗，影像凸现。

如图 10—102，长江取水口变迁的电子沙盘落于墙面，与参观者视线形成 90°，沙盘底部有一方利用 LED 灯制作的水池，模拟海浪的效果，为观众营造逼真的展示氛围。当沙盘上的灯光闪烁时，下面的“水”跟着变换亮度。

如图 10—103，该展区位于展馆的地下一层，展示内容为上海取水口的变迁和青草沙水库的工作原理，均采用电子沙盘的展示方式表现其科学知识点。考虑到参观者在这个展区停留的时间较长，而且通过电子屏了解具体的科学知识，所以该展区的整体照度应控制在 50lx 以下，局部照度控制在 50lx ～ 200lx 之间，采用漫反射照明。

如图 10—104，由于该展区的背景是 LED 电子屏，因此该展区主要采用直接局部照明方式，照亮展区前面起伏的知识说明台，减少对后面电子屏的干扰。光源采用光束角较小的卤钨灯，灯具采用轨道射灯，照度不得低于 1500lx。

图 10—105

如图 10—105，展柜和展台采用不同的照明方式，由于展柜的展品体积较小，适合近距离观看，为了防止眩光，展柜采用向上漫反射间接照明；展台上的仪器体积较大，为表现其立体感和金属质地，所以展台采用向下直射照明。

如图 10—106，展区处于建筑地下一层，为了减少高大展墙的压抑感和表现鸟类画作的逼真，采用高色温和高显色性的荧光灯，周遭的生态湿地环境则采用低色温和显色性一

图 10-106

图 10-107：高显色性的光源有利于表现船只模型的细节。

图 10-108：对于有玻璃罩的展品，应采用柔和的漫反射照明方式减少眩光的产生。

般的高压钠灯进行局部照明。

(6) 商业展会空间光环境设计特点

商业性展会的主要功能不是直接销售商品，而是推广产品、接受订单、发布企业信息、宣传企业形象，同时得到参观者反馈的信息。

其照明设计面临的主要问题：构筑承载灯具的结构体系，如何用优质的重点照明表现产品，如何以独特而鲜明的情景照明吸引观众，并给人留下深刻的印象。

(7) 商业展会空间光环境设计策略

针对以上问题，我们可以从照明方式、灯具设计和光效设计三方面来制定商业展会空间光环境的设计策略。

① 照明方式策略

所有的展览场地都会提供基础照明，所以展会光效设计的基本任务是重点照明。优质的重点照明，体现出最新的照明设计理念与照明技术表现产品。

在商业展会空间中，设计师常用的照明方式有直接照明方式（与射灯和投光灯结合）、半间接照明方式（与反光板或墙面结合）、漫反射间接照明方式（与透光型材料结合）。

② 灯具设计策略

商业会展的举办周期较短，而且不同的展区其设计主题有所不同，因此要求灯具的灵活性更强，制定一个方便灵活的灯具系统，有助于应对现场的突发问题。

目前国内外会展常用的灯具承载面有两种：一种直接利用空间围合结构安装灯具，如展区的墙壁、顶棚；另一种利用桁架结构，分为独立式与吊顶式，这些承载结构必须与展示设计的整体形象统一。从功能的角度考虑，模数化的桁架是展会设计的不错选择。

灯具的眩光控制，建议采用外附式遮光器，因为在展会现场的不确定因素很多，比如来自临近展区的光污染，如果使用可以灵活调节的外附式遮光器，通过现场调节消除眩光干扰。此外，如果空间允许，还可在灯具上方增加反光板，形成柔和的光效，可以完全避免眩光。

③ 光效设计策略

运用视觉冲击力强的彩色光、动态光、光影艺术等手段增强观众的戏剧性视觉体验。

展示中的光效设计围绕展示的主体展开：通过光的塑造将展品更完美地呈现出来，迅速有效地传播信息是光效设计

图 10−109、110：利用大量显现蓝光的 led 灯，营造神秘的展示氛围，投影在车身上的光斑，使得展品更加炫目迷人。

图 10−111：大型车展上，常常利用吊顶式的 架安装大型投光灯。

图 10−112

图 10−113

的首要任务；利用光的表现力为展示活动渲染有主题、有剧情的展示情境，使展品所承载的价值观、所代表的生活方式等深层次意义更深刻地被参观者认同是光效设计的终极目标。

如图 10−112 所示，车展上，灯光最好从不同的角度对车身进行照射，以消除浓重的阴影，从而保证观众从不同的角度都能看清车身的细节。

展会使用周期较短，建议最终展示光控制在展出时间段内，加强灯具的可调性。

如图 10−113 所示，小型展厅的光环境，重点照明和氛围性照明相呼应，为了吸引参观者对新产品的注意力，可以适当提高照度，还可以改变照明方式，丰富整个光线的层次。

如图 10−114 所示，车展的展示空间通常非常高大，安装和调试灯具都非常困难，建议设计师先绘制效果图，并确定灯具的数量、照度、光源的显色性等技术参数，才能保证最终的展示效果。

为了呈现戏剧性的展示效果，设计师应将展示空间的形态、色彩和灯光作为一个整体来考虑。如图 10−115、116 所示，从参观路线两边倾泻而下的巨型幕布，气势如虹，在巨型幕布的中部设置展柜，其高度正好适合观众了解展品。显而易见，重点照明区域是展柜，环境照明区域是幕布，二者的照度比值为 3:1，展柜内部采用了两种照明方式，一种是向下直射照明，照亮展品细节；另一种是从展柜底部发出的漫反射光线，远观展柜如图一颗晶莹剔透的水晶石，分外耀眼，夺人眼球。

现代会展光环境设计理念已从以往单纯塑造展品形象的阶段，发展成为一种注重参观者心理特征的有故事、有剧情的体验型设计理念。如图 10-117、118、119 所示，在一个高大的商业空间中举办一次摄影展，设计师不仅要让观众被摄影作品的艺术气息所感染，还要考虑自然光或其他光线对观众的干扰，设计师采取漫反射照明方式，让所有展架落于 LED 灯制成的光毯上，然后给每个作品的上部设置一盏带漫反射灯罩的高显色性灯具，不仅能减少展架间光线的干扰，还形成一个个小小的相对独立的欣赏空间。由此可见，从理解观众的角度设计而来的照明设计方案必定能打动观众，成为优秀的设计作品。

图 10-114

图 10-115、116

图 10—117、118、119

本章重点与习题:

分别解释居住空间、办公空间、餐饮空间、商业空间、观演空间和展示空间的光环境设计目的和主要设计策略。